U0247976

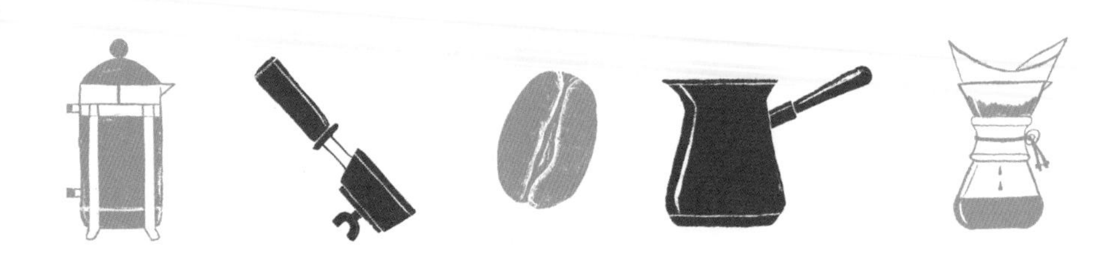

后浪

咖啡词典

THE COFFEE DICTIONARY

[英] 马克斯韦尔·科罗纳-达什伍德（Maxwell Colonna-Dashwood） 著 周俊兰 译

云南美术出版社
Yunnan Fine Arts Publishing House

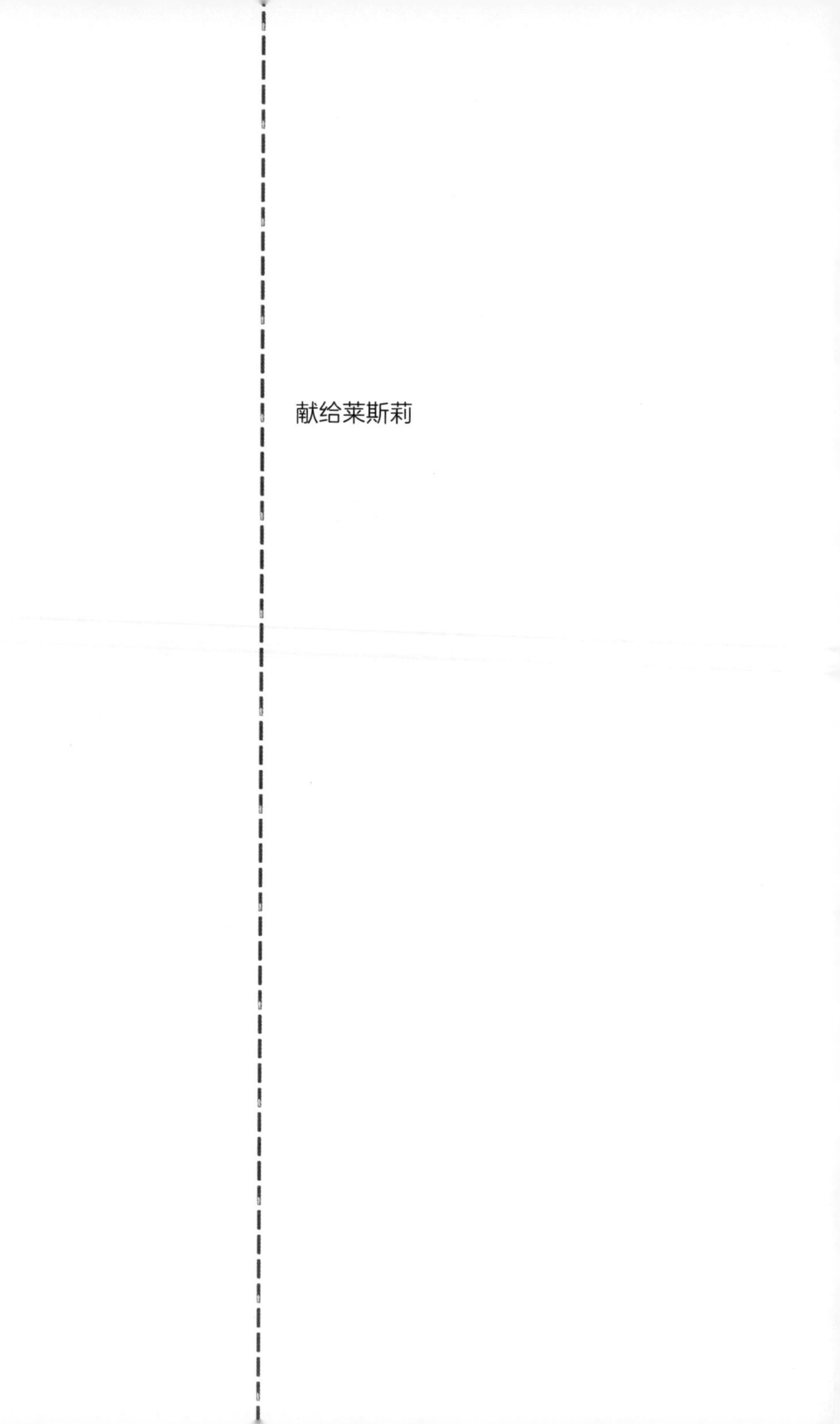

献给莱斯莉

目　录

9　前　言

15　A
25　B
43　C
69　D
79　E
91　F
107　G
119　H
125　I
135　J
137　K
141　L
147　M
157　N
165　O
171　P
185　Q
187　R
199　S
215　T
225　U
229　V
237　W
245　X
247　Y
249　Z

252　致　谢
254　出版后记

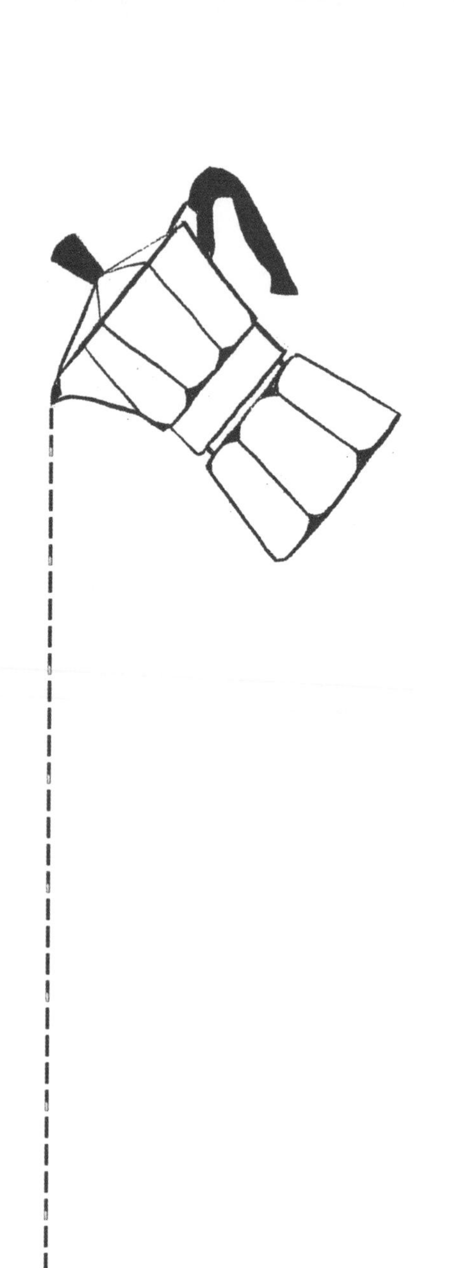

前　言

爱上咖啡的方式似乎通常有两种。一种是你在年轻时就有喝咖啡的习惯，随着时间的推移，渐渐与咖啡产生了一种联系，越来越着迷于它的烹煮方式和文化内涵。另一种是，你对咖啡本无感，但某天，一杯咖啡改变了一切，你顿悟了。这种顿悟让你怀疑、困惑，同时又无比兴奋，从此你对咖啡的热忱便一发而不可收。

我就是后者。从前，我对咖啡毫无兴趣。我曾是个画家，画肖像和不同的事物，那是我的第一份正职。跟寻常艺术家一样，除了画画，我还兼职做餐饮招待。时间一长，我发现自己很喜欢餐饮行业。后来，我遇到了我的妻子，我们决定一起旅行。在印度待了几个月后，最终我们到达澳大利亚墨尔本，拿到了工作签证。

当时的我们并不知道，墨尔本既是一座咖啡馆遍地开花的城市，也是一个有着深厚渊远咖啡文化的咖啡之都。我在市区一家咖啡馆里工作，不久之后，就能驾轻就熟地跟店里的常客攀谈咖啡。正是这些顾客引出了咖啡文化这一话题，老实说，我有点迷茫。掌握“拉花艺术”是有挑战性的，我也觉得有趣，但显然，我并不明白为什么咖啡有如此复杂的饮食现象。有一位常客看出了我的兴致，因此，他提议让我午休时出去走走，去一家叫巴巴布丹兄弟（Brother Baba Budan）的小咖啡馆。于是我去了。一位女士过来招呼我，她的小腿上纹着咖啡树，缠绕而上。她问我要不要品尝一下单品咖啡，并介绍说这是一款肯尼亚咖啡，带有草莓和香草风味。必须承认，当时的我很怀疑。我压根不懂什么是肯尼亚咖啡（与其他咖啡有什么不同吗？），还有风味，我当时想着，估计尝不出什么来。

然后我站在店外的街道上，试了一下这杯浓缩咖啡。就是那一刻，我顿悟了。我难以相信这小小一杯饮料带给我的美妙感受。它瞬间改变了我对咖啡的看法。我尝到了其中的风味，那是我试过的最美妙的东西。仅仅说我享受其中，还是太轻描淡写了。我的思维开始疯狂转动。为什么那一刻，我才发现咖啡竟能有如此的味道，带来如此的感受？我的妻子和我的想法一致，也为此感到兴奋不已。我们当即便决定要致力于咖啡事业。第二天，我换了份工作，从此开始了无穷无尽的追寻和了解咖啡的旅程。在墨尔本时，我们拜访了许多咖啡烘焙师和咖啡馆，还参加了由冠军咖啡师教授的课程。

随后回到英国，我们开了一家活动策划公司，搬到一个新的小镇，并开了一家店，一头扎进精品咖啡的世界。我们与许多科学家和浓缩咖啡机制造商合作，持续不断地学习、探索。咖啡世界就像《爱丽丝梦游奇境》中的兔子洞一样，深不可测。

对我而言，咖啡魅力无穷、引人入胜，且让我收获颇丰。一千个人的眼里，会有一千种咖啡。这种奇妙的饮料充满风味，让人着迷，拥有丰富的历史和数不尽的故事。我期待通过这本词典，与你一同探索、发现咖啡的世界。

——马克斯韦尔·科罗纳-达什伍德

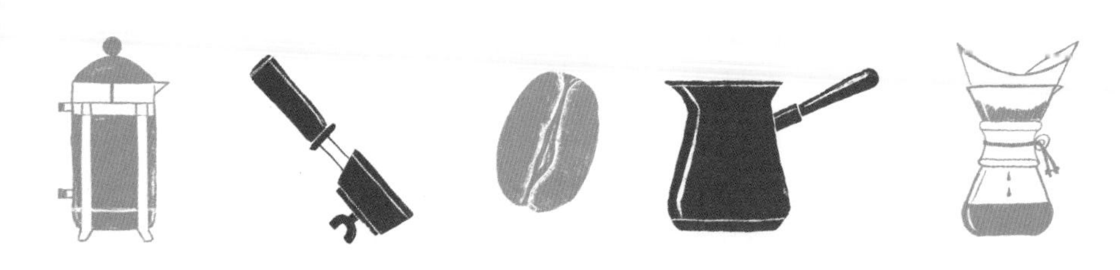

参见词汇
磷酸 第 176 页

Acidity | TASTING

酸度 | 品尝

你可能听过，有人用“明亮度（brightness）”来描述咖啡中好的酸度，而坏的酸度则用“酸涩度（sourness）”。事实上，酸度是一杯好咖啡不可或缺的部分，但同时，它也是一个广义的词。咖啡品尝涉及好的酸和坏的酸，而咖啡里也含有一些科学意义上的酸性化合物，暂不属于咖啡品尝的酸度范畴。咖啡中的酸度有多种来源，然而它却是一种弱酸性饮料，pH 值只有 5 左右，比葡萄酒（pH 值为 2）的酸性要弱。生长于较高海拔的咖啡，往往会有层次丰富且更强烈的酸度。没有这种酸度的咖啡通常空洞乏味。明亮的酸可提升咖啡在口腔中的感觉，味道更有层次。此外，咖啡中的甜度会随之而来，或因酸度而凸显。

参见词汇
冲煮比率 第 36 页
浓度 第 206 页

Aeropress™ | BREWING

爱乐压 | 冲煮

爱乐压的名字源于一款高科技飞盘 Aerobie™，它们由同一个人发明，那就是艾伦·阿德勒（Alan Adler）。艾伦是一位自学成

4
3
2
1

才的美国发明家。Aerobie 飞盘打破过多项投掷距离最远物体的世界纪录；而爱乐压则是专为冲煮咖啡而设计的器具。

爱乐压的作用原理是将咖啡粉和水放入一个如注射器一般的冲泡容器中，用手按压推杆，泡好的咖啡即可透过多孔的过滤盖流出，盖子上配有特定形状的滤纸（也可换成金属滤片）。爱乐压让冲泡咖啡的方式更灵活。若选用细研磨咖啡粉，即可得到一杯浓咖啡，因为手动压力可让咖啡液与粉末充分分离，而只通过重力过滤的咖啡达不到这种程度。通过手部压力调节，你也可冲泡一杯较淡且更细腻的咖啡。爱乐压甚至还举办了“世界爱乐压大赛”，作者执笔时，已经有来自 51 个国家的参赛者参与其中。

参见词汇
萃取 第 86 页
法式压滤壶 第 101 页

Agitate | BREWING

搅拌 | 冲煮

搅拌就是把水和咖啡粉通过任意方式混合在一起。通过搅拌混合，冲煮咖啡的水会更容易渗透咖啡粉。搅拌可促进萃取。若冲泡过程中咖啡粉堆积并停止与水融合，比如用法式压滤壶萃取时，搅拌就非常有用。搅拌有多种方式：可以借助某些搅拌棒，或者简单摇一摇也行。

参见词汇
地域 第 214 页

Agronomy | GROWING

农学 | 种植

农学这个词的英文来源于希腊语中的词汇“农田法则”，意为农作物种植和农田管理的科学研究。了解农学可为农场带来财富。某些农场有专门的驻场农学家；其他农场会定期聘请独立的农学家指导农场实践，效果相同。

了解农学有利于咖啡种植土地的管理和维护。现今很多咖啡农场都将土地分成小的模块进行单独管理。阳光、气候和土壤的微小改变，都有可能对咖啡植株的生长以及咖啡果的质量产生极大影响。当然，天气和气候是果农无法控制的，但他们可以适应变化，比如调整灌溉方式或改变收获时间。

参见词汇
美拉德反应 第 145 页

Agtron scale | ROASTING

焦糖化级别 | 烘焙

你可能听过人们讨论烘焙的颜色。当然，我们讨论烘焙颜色时，只会用深浅来形容，而不会用到寻常的颜色——比如，不会有橙色或紫色烘焙！焦糖化级别（也叫 Agtron 值 / 艾格壮数值 / 烘焙数值）是咖啡烘焙深浅度的参考指标。焦糖化测定仪非常昂贵。简单来说，它们测量的是烘焙咖啡豆反射光的量：烘焙程度较深的咖啡豆会吸收更多的光，读取数值较低，而烘焙程度较浅的咖啡豆则数值较高。（这其实跟白 T 恤反射光线，而黑 T 恤吸收光线的原理一样。）艾格壮数值体系中已有多种描述性词语，比如“浅城市烘焙”和“法式烘焙”。当然，颜色只是衡量咖啡烘焙度的其中一种方式，咖啡可通过不同的烘焙方式获得同一种颜色。

参见词汇
阿拉比卡 第 18 页
种 第 202 页
地域 第 214 页

Altitude | ORIGIN

海拔 | 产地

经验之谈，一般规律是咖啡树的种植海拔越高，咖啡质量越好。但是，这里划重点，它并不

是一个固定的规律。与咖啡的其他因素一样，它看起来简单，实际上很复杂。价格昂贵的阿拉比卡咖啡豆通常种植于海拔高度大于 1 千米 的地方，最高可达 2.5 千米以上。品质稍低一点的罗布斯塔咖啡豆的种植海拔高度则为 0 米到 1,000 米。其中的原理是海拔越高，气温越低，咖啡果实的成熟期越长，可积攒的风味更浓郁。但是，植物也不喜欢过冷的气候，这也是咖啡通常盛产于热带地区的原因。咖啡的杯测品质对原产地也有多方面考察，包括土壤、气候和处理方式。事实上，世界顶级的咖啡确实均种植于海拔 1 千米以上，而最受欢迎、最昂贵的咖啡也不一定来自海拔最高的产地。有时种植于较低海拔低温微气候[①]下的咖啡，也可达到高海拔的效果。

参见词汇
卓越杯 第 64 页
欧基尼奥伊德斯 第 83 页
种 第 202 页
地域 第 214 页

Arabica | SPECIES

① 微气候：指森林、城市、深穴等局部地区的气候。

阿拉比卡 | 种

“100% 阿拉比卡”这样的字眼通常被标在咖啡包装上，以提高价格，彰显品质。阿拉比卡种是全世界种植数量最多的咖啡品种。（罗布斯塔种是另一个广泛种植的咖啡品种；还有其他品种，比如利比里卡种等，也可在市面上见到。）世界上评分较高的咖啡，特别是被我们评为“精品咖啡”的品种，都是阿拉比卡种，或与阿拉比卡高度相关的品种。这就是为什么我们经常会看到它被标在包装袋上，成为咖啡的卖点之一。然而，这个品种本身并不代表高品质，商业级别的

阿拉比卡咖啡远多于精品级别。现在精品咖啡市场上都是阿拉比卡种，所以各个精品咖啡公司的包装上会标明具体是哪一个阿拉比卡变种。

阿拉比卡种的源头可追溯到埃塞俄比亚高原，那里现在还保有最多的阿拉比卡咖啡树变种（亚种）。阿拉比卡咖啡豆风味涵盖范围惊人，多样的亚种结合不同的地域因素，可衍生出独特且多样的风味。在随后与咖啡品种相关的“欧基尼奥伊德斯”词条释义中，你会发现阿拉比卡种的祖先其实是罗布斯塔种，而且有很多介于罗布斯塔种和阿拉比卡种之间的品种。这两种基因混合生成的咖啡多数也是高品质豆，比如卡提莫种。伦皮拉咖啡就是卡提莫系中的亚种，广泛种植于洪都拉斯。我最近购买了一杯卓越杯级别的伦皮拉咖啡，简直太好喝了，酸度层次感丰富，且带有热带水果风味。

参见词汇
豆到杯 第 24 页
浓缩咖啡 第 79 页

Barista | BREWING; ESPRESSO

咖啡师 | 冲煮；浓缩咖啡

“Barista”原是意大利语，意为“吧台人员”。然而，由于意大利在世界咖啡文化中的深远影响，这个词被直接用来指代专业的咖啡制作者，即咖啡师。近几十年来，咖啡师这个角色被广泛接受且尊重。这一现象在多个方面得到佐证，比如现在有各种咖啡师大赛，有以咖啡师为品牌亮点的产品，且在咖啡馆和餐厅中，咖啡师的角色定位更专业、更具体。虽然咖啡师大多还是以在职学徒的身份出师，但是现在与咖啡师相关的课程和资质考试越来越多。传统的咖啡师，只做预备级别的工作，比如制作咖啡、端咖啡等。随着咖啡文化的渗透和发展，顾客对咖啡的兴趣和辨识能力增加，咖啡师也会充当侍酒师一般的角色。未来的咖啡准备环节越来越趋向自动化，咖啡师很有可能像侍酒师一样职业化。

参见词汇
油脂 第 63 页

Basket | BREWING

粉碗 | 冲煮

浓缩咖啡没有特定的大小、形状或一致性，但它是可以由浓度决定的。

准确地说，它是利用压力冲泡的咖啡，会产生油脂。浓缩咖啡的量取决于粉碗的大小。冲泡组手柄（咖啡机中固定的部件，限定每一份咖啡的量）适用于多种尺寸的粉碗，通常是 14 克至 22 克（双份浓缩）。每个粉碗的大小对应特定的咖啡粉量。粉量固定，意味着粉饼的上方有足够的空间让水渗透时先聚集在一起，然后穿透粉饼，且粉碗底部的滤洞有适当的阻力（咖啡粉越多，阻力越大；反之亦然）。因此，粉碗中对应的咖啡粉量很重要，增减 1 克是可以接受的。

Bean to cup | BREWING

豆到杯[①] | 冲煮

参见词汇
胶囊咖啡 第 44 页

冲煮咖啡的方式从纯自动式到纯手冲式都有。有一种关联现象，那就是质量越高的咖啡通常手冲程度越高，虽然不停有人在挑战这种关联性。自动咖啡机的意义通常是为了简化操作，但机器很难因不同咖啡的特定冲煮需求而调整，因此潜在代价就是降低咖啡质量。另外，咖啡制作过程中有许多变数，而仪器设备可以更好地保证其一致性。全自动咖啡机的质量和纯熟度五花八门，鱼龙混杂。市场上的顶级全自动咖啡机质量上乘，也可制作出优质美味的咖啡。关键是，无论咖啡机如何实现自动化，都得通过编程或人工操作，它需要使用者了解不同的咖啡，然后进行调整和操控。

Bicarbonate

① 豆到杯指的是由全自动咖啡机操作的咖啡豆研磨到冲煮咖啡的全过程，亦可指代全自动咖啡机 。

20%
50%
30%

碳酸氢盐

参见词汇“缓冲（Buffer）”。

参见词汇
产地 第166页
变种 第228页

Blending | ROASTING

混合 | 烘焙

咖啡豆混合是一种普遍现象。每一位喝咖啡的人都会遇到这样的开场白：“要不要试试我们的大师混合咖啡”或者是“招牌混合咖啡”，等等。烘焙师制作混合咖啡的理由很多。有的是为了混合出不同的风味；有的是为了节约成本，掩盖一种或多种咖啡豆的瑕疵。同理，通过混合不同的咖啡，还可以避开咖啡供应的季节波动，从而持续提供产品。“混合”这个词，唯一不合理的地方是它所表达的意思不够具体。在葡萄酒制造业里，“混合”意味着选取来自同一个葡萄园或村庄的不同葡萄品种；而咖啡中的混合，则是选取不同国家的多个咖啡豆品种。这些咖啡豆本身大概率已经是不同品种的混合体了。有些咖啡公司现在会避开混合咖啡这一概念，强调所选取咖啡的特色，着重渲染咖啡豆的故事和单一产地。然而，“单一产地”这个词仅代表来自同一个国家。比如，你可以混合来自巴西不同产区多个农场的多种咖啡豆，而这种产品在售卖时也可称为“单一产地咖啡”，而不是“混合咖啡”。想想很有趣，一个跨越多个产区的农场，那得有多大啊。来自同一个农场的咖啡，也可以是多种批次的混合产物。此外，还有一些指代更具体的咖啡批次术语，比如“单品批次”“微批次”，甚至是“纳米批次”。

精品咖啡中的混合咖啡越来越少了——混合豆烘焙其实更难，而且很难均匀萃取出等质的咖啡液。于是才有了“熟豆混合”（亦称“熟豆拼配”或“熟拼”）。烘焙师会将不同的生豆按照各自的特质烘焙好，然后再将熟豆混合。对于咖啡豆混合的利弊，在行业内争议已久，且烘焙师混合咖啡豆的目的也各不相同。尽管如此，混合咖啡依然是营销和售卖咖啡的一种成功手段，让企业可以创造出独一无二的产品，以及让顾客产生共鸣的品牌故事。

Bloom | BREWING

粉层膨胀 | 冲煮

参见词汇
V60 系列咖啡壶 第 227 页

粉层膨胀指的是往咖啡粉中注水时，咖啡粉快速释放二氧化碳而膨胀的过程，也就是使用法式压滤壶按压萃取前，咖啡粉上浮起的那一层泡沫壳状物质。这个词适用于冲煮单杯过滤咖啡，且是注水过程中的一个独立步骤（也就是闷蒸）。冲煮操作步骤会详细说明一开始注入的水量，以让咖啡粉膨胀，随后静置一段时间，再萃取咖啡液。粉层膨胀的原理是，通过消除咖啡粉中的二氧化碳，让热水更好地带出咖啡的风味，同时避免过多二氧化碳对咖啡风味的破坏。这其实是有一定道理的。有些人认为膨胀时间会影响咖啡风味，因为释放了一定量的香味，而静置咖啡让其化成泡泡可缓解这一点。对于这一观点，我是持怀疑态度的。因为我认为粉层膨胀的程度并不会影响咖啡的冲泡口感和质量，而只是表明了烘焙咖啡豆的新鲜度。

参见词汇
“咖啡鼻子”闻香瓶 第 140 页

Blossom | GROWING

咖啡花 | 种植

咖啡树是会开花的植物品种，自花授粉，因此不需要通过昆虫传播花粉就会结果。大多数种植咖啡的国家都有显著的季节变化，咖啡树的开花时节都在暴雨之后。咖啡花是纯净的白色，非常漂亮，香味怡人，人们常用茉莉花与之类比。咖啡花落后即结果，果实的成熟期可长达九个月，成熟后的果实经过采摘、处理，便可得到果实里面珍贵的咖啡豆。咖啡花的香味在某些咖啡中也是常见风味的一种。这种风味因其特殊性被纳入了 36 款法国咖啡鼻子风味瓶中，以便大家熟悉它的味道。毕竟，它是一种可爱的香味。但在许多咖啡消费国中，却几乎都没有咖啡花。

参见词汇
酸度 第 13 页
风味标识 第 97 页
味觉 第 113 页

Body | TASTING

醇厚度 | 品尝

醇厚度是咖啡品尝标准中比较难以捉摸的词，我觉得它应该与咖啡在口腔里的感觉一同描述。简单来说，醇厚度在口腔里的感觉可以是大（饱满度）和重（重量感）。描述醇厚度的维度是轻盈到厚重，但有趣的是，有轻盈但口感黏腻的咖啡，也有饱满却带有果汁清爽感的咖啡。刚开始品尝咖啡时并不容易，因为一下子会有多种风味扑面而来。将关注焦点先放到几个要点上，比如咖啡的醇厚度和口感，是入门咖啡讨论和品鉴的好办法。

醇厚度和口感有一定客观性，因此交流起来

更容易。而香味是非常复杂，且没有准确指向性的，比如你很难一下子分辨出自己尝到的是橙子还是柑橘的味道。

参见词汇
变种 第 228 页
世界咖啡师大赛 第 239 页

Bolivia | ORIGIN

玻利维亚 | 产地

玻利维亚，凭借其惊人的地势高度，产有世界上种植海拔最高的咖啡。这个国家有着得天独厚的咖啡种植条件，而产量却很小，且正在减少。当地山峦叠嶂的地形，让生产和运输都很棘手，可可豆的收入倒是更稳定些。2012年，我第一次参加世界咖啡师大赛就用了一款来自玻利维亚的咖啡豆。与这个国家其他优质咖啡豆一样，我用的那款是卡杜拉品种，非常甜，干净度也高。这款复杂且成熟的咖啡豆来自洛艾萨（Loayza）产区的瓦伦汀庄园（Finca Valentin），是我一直以来最喜欢的甜味浓缩咖啡。

参见词汇
美利坚合众国 第 223 页

Boston Tea Party | HISTORY

波士顿茶党 | 历史

1773 年，当时的北美殖民地对英国议会所通过税收政策的反抗情绪越发激烈。1773 年颁布《茶税法》后，运入北美殖民地的茶叶成为了争论的焦点。对该法令的抵制在波士顿茶党抗议时达到高潮。那一年的 12 月 16 日，他们拒绝东印度公司的茶叶商船靠岸卸货。当天晚上，30 至 130 名男性（统计数据不一）登上商船，将茶箱倾倒入海，轰动一时。

这次示威抗议是美国独立战争（1775—

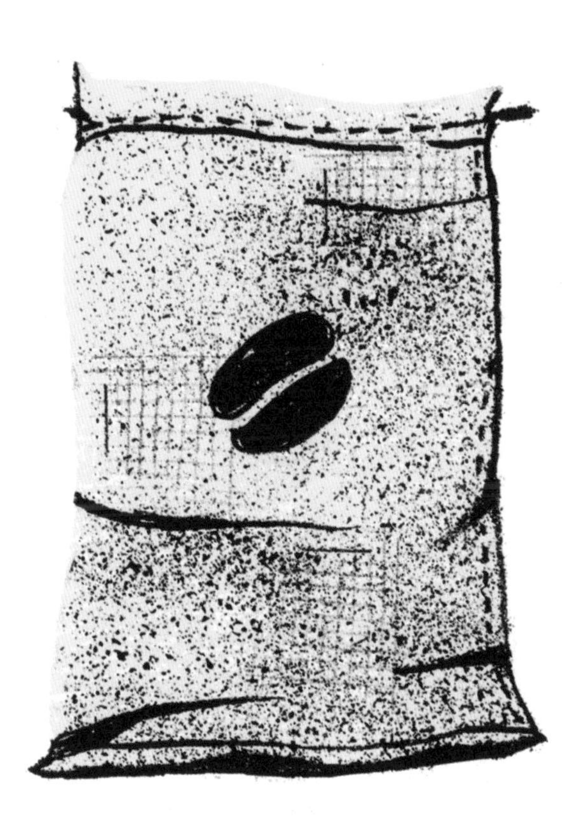

4
E I C

1783 年）前的一个关键事件。自那之后，喝茶被美国人认为是一种不爱国的行为，而咖啡成了第一大热饮选择。美国此后多年至今，都是世界上咖啡进口大国，而咖啡也与这个国家的文化底蕴融为一体。

参见词汇
地域 第 214 页

Bourbon | VARIETY

波本 | 变种

这个词可与美国波本威士忌毫无关系，波本威士忌的名字起源于法国的波旁王朝。而波本咖啡豆最初种植于留尼汪岛，留尼汪岛也曾以法国王室名字命名为波本岛。波本咖啡是世界知名的精品咖啡品种，甜味显著。波本咖啡种植非常广泛，且世界各地的波本咖啡风味各异，也凸显了其他因素对咖啡风味的影响。随着其种植范围的扩张，还衍生出了许多变种，比如红波本、黄波本和橙波本等。卢旺达和萨尔瓦多的波本咖啡，就值得好好地品尝对比一下，一较高下。

参见词汇
生产 第 180 页

Brazil | ORIGIN

巴西 | 产地

多年来，巴西的咖啡种植和产量都比其他国家要多。巴西的咖啡多种植于低海拔地区，从阿拉比卡至罗布斯塔间各个品种、各种质量都有。巴西咖啡的特色主要是带有巧克力的香甜和坚果风味，酸度较低，也有少量的高产、高酸度的咖啡品种。

巴西在咖啡种植、采摘和处理过程中的技术利用率是世界领先的，因为巴西种植咖啡的地区多为平坦、低海拔的农场，更容易使用咖啡采摘机。咖啡树在田垄上成排种植，像葡萄酒庄园一样，器械从其间穿过，敲落并收集树上的果实。机器采摘的咖啡果实参差不齐，未成熟和成熟过度的都有，采摘完毕还要进行复杂的分拣环节，分离出不同质量的果实。我在参观巴西喜拉朵咖啡产区的达特拉庄园时，对他们的款待印象深刻，同时也惊异于农场中的技术运用，感叹如今技术促进咖啡豆挑选和处理的能力。农场主有一款定制的分拣系统，可通过压力和 LED 分类机分离出不同成熟度的咖啡果实，每秒可扫描成百上千颗果实。同时，巴西本身也是一个咖啡消费不断增长的国家。

Brew ratio | BREWING

冲煮比率 | 冲煮

参见词汇
剂量 第 72 页
出杯量 第 245 页

冲煮比率是一杯咖啡所用咖啡粉和水的比率（粉水比）。很多时候，只要解释一下咖啡粉量和出杯量（最终萃取出的咖啡液量）就好。算法是简单了点，但冲煮比率在咖啡原液萃取时的沟通和考量是很有用的。比如，有人会说粉水比是 50% 或 1∶2，这两种表达都是在说萃取的咖啡液量是所用咖啡粉量的两倍。也就是说，你可以用 15 克或 22 克的咖啡粉萃取出一份 30 克和一份 44 克的浓缩咖啡，而这两份咖啡的粉水比是一样的。虽然 44 克的这份咖啡显得量更大，但它们却是同一种类型的咖啡——只是咖啡粉用量不同。

参见词汇
折射计 第189页
成熟度 第190页

Brix | GROWING

白利度 | 种植

1度白利度（1° Brix）代表每100克水溶液中有1克糖。实际运用中，白利度用于衡量饮料的糖度。在葡萄酒制造业中，白利度用于测量葡萄的糖度，而在其他行业里，也广泛用于检测蔬菜和水果中的糖度。那它在咖啡中的作用是什么呢？注重品质的咖啡农场主常会寻求外界的方式来检测和改善咖啡质量。白利度检测可通过果实中的含糖量判断果实成熟度，在咖啡农场中的使用也越来越流行。测量白利度的工具是折射计，有点像测量咖啡浓度的仪器。确实，这两种仪器的区别就是对读数的解读不同而已。

参见词汇
酸度 第13页
水 第236页

Buffer | WATER

缓冲 | 水

关于水这个话题，可以衍生出很多内容。我特意将“缓冲”列为一个独立的条目，因为它对咖啡风味的影响最为惊人。对于缓冲这个概念，一开始可能有点晦涩难懂，因为它是一个科学的过程，而且在水化学中，关于“缓冲”这一项就涉及多个专业词汇，比如有水的碱性、碳酸氢盐含量等。这些术语通常被印在瓶装水上，它们的作用就是保持pH值稳定。“缓冲”系统对于地球上的生物而言也是不可或缺的一部分。我们体内流动的血液也依赖同样的系统保持pH值稳定。咖啡是一种酸性饮料，pH值比你用于冲泡咖啡的水要低。如果用缓冲力强的水冲泡咖啡，获得的咖啡液酸度就会很低。这并不是一件好事，因为我们重视咖啡中好的酸度。

想要测试缓冲的威力，只要取微量的小苏打（碳酸氢盐的一种）加入咖啡里。再次品尝，你会发现咖啡的酸度全无，且咖啡也变得乏味、发苦。

参见词汇
公平贸易 第 89 页

C market | TRADING

C 市场 | 贸易

咖啡期货市场，也称 C 市场，是以美元交易的全球大宗商品市场。期货市场中，成交的是一种具体的大宗商品合同，在未来某一时期交货（期货这个词的意思不言而喻[①]），并影响着全球重要大宗商品每天 / 每年的价格。期货市场对咖啡业内人士的生计影响巨大，特别是咖啡种植商。巴西的一场霜冻可能推高咖啡市场价格，因为人们会担心这个全球第一大咖啡生产国是否会产量不足——这种担忧会迅速影响全球市场。与其他大宗商品一样，咖啡市场也是时起时伏。当市场表现良好，处于峰值时，一切都风平浪静；若是市场表现糟糕，处于低谷期，许多咖啡种植商就会亏本。精品咖啡的价格会比 C 市场上的咖啡价格昂贵许多，因为咖啡品质好，溢价也高。

Cafetière

煮咖啡用壶

参见词汇“法式压滤壶（French press）”。

① 期货的英文为“futures”，就是“future（未来）”的复数。

Caffeine | STIMULANT

咖啡因 | 刺激物

从烹饪层面而言，葡萄酒是一种复杂的饮料，且含有酒精。咖啡亦是如此，只不过它含的是咖啡因。

毫无疑问，如果没有咖啡因这个刺激物质，咖啡不会有如今的地位，成为风靡全球的饮品。咖啡因在咖啡树中的进化作用与许多物种一样：它是一种杀虫剂，为咖啡树提供天然的防御机制。每一杯咖啡中的咖啡因含量都不同。这和咖啡豆本身的产地最为相关，还有咖啡品种——比如阿拉比卡种的咖啡因含量通常比罗布斯塔种要少一半。种植在较高海拔地区的咖啡通常咖啡因的含量更少，因为它们需要的防御较少。虽然咖啡树的咖啡因含量在不同环境下可能会增加，但有些阿拉比卡种本身咖啡因含量就比较低，因此适合制作低因咖啡。对于消费者而言，在购买咖啡类饮品时，因为不清楚饮品里用了多少咖啡粉，所以也很难预测有多少咖啡因。杯子的大小具有误导性：一小杯咖啡若使用咖啡粉较多，会比大杯但使用咖啡粉较少的咖啡中的咖啡因含量更高。浓度也具有误导性：一杯浓缩咖啡或许浓度很高，但如果量不大，那么它所能承载的咖啡因含量可能会比一杯大马克杯装的过滤咖啡要少。

参见词汇
澳白 第 94 页
蒸汽 第 205 页
浓度 第 206 页

Cappuccino | DRINK TYPE

卡布奇诺 | 饮品类型

卡布奇诺是一款标志性咖啡饮品，但是它到底是什么呢？一份典型的咖啡饮品单中，几乎所有的饮品多少都具有争议性。一杯卡布奇诺中各种成分的比例到底是多少呢：多少浓缩咖啡加多少牛奶？含多少奶泡，以及什么类型的奶泡？它和菜单中其他咖啡饮品有什么区别呢？这些都很难有非常准确的定义。

卡布奇诺应是世界上解读最多的饮品名称了。严格来讲，卡布奇诺会比拿铁的浓度高（咖啡与牛奶的比率更高），奶泡的量也更适宜，但是在许多商业型咖啡馆里，卡布奇诺就是在拿铁上撒一层巧克力碎罢了。除此之外，两者还是很难分辨的。有些人认为，完美的卡布奇诺是最难制作的牛奶饮品：奶泡要绵密，而且量要大，很难兼顾。曾有人跟我说，一杯完美的卡布奇诺，奶泡和咖啡是没有分离的。但我认为那种状态过于理想化了：除非咖啡一上来你就马上喝了，要不然奶泡一定是分离在上方。话虽如此，但有一段时间，我也曾尝试着制作一杯传奇的卡布奇诺。卡布奇诺这个名字并不像很多地方提到的那样，源自一个修士的发型，而是源于维也纳人，天主教圣方济各教会嘉布遣会修士（Capucin）的褐色道袍，很像奶咖混合后的颜色。

参见词汇
豆到杯 第 24 页

Capsules | BREWING

胶囊咖啡 | 冲煮

早在 1972 年，雀巢公司就研发了胶囊技术，并创造了奈斯派索（Nespresso™）胶囊咖啡。自那时起，不同公司研发的无数种胶囊技术如雨后春笋一般涌出，且都大获成功。胶囊咖啡的消费量也不断攀升。胶囊咖啡机的好处是可以更好地操控和监督咖啡冲煮过程。胶囊中只含有咖啡

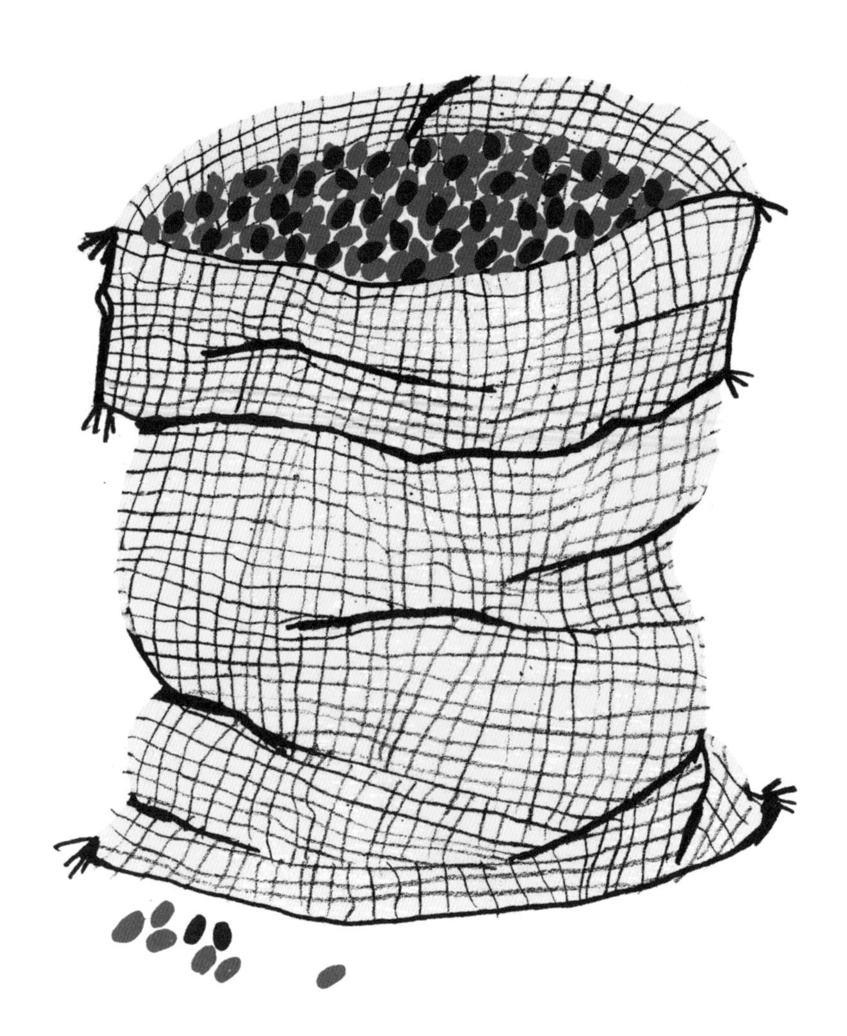

粉，而铝制或塑料外壳的包装，加上惰性气体填充，可长期保持咖啡粉的新鲜度。

在过去，精品咖啡领域对胶囊咖啡机毫无兴趣，因为它没有工艺可言，只是商业咖啡的制作工具罢了。虽说如此，胶囊咖啡技术也可以用于一流的咖啡冲煮系统，因此随着奈斯派索专利技术在 2012 年到期，精品咖啡烘焙师和公司也开始进入这一市场。

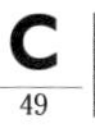

参见词汇
发酵 第 90 页
蜜处理法 第 118 页
自然处理法 第 156 页
地域 第 214 页
世界咖啡师大赛 第 239 页

Carbonic maceration | GROWING; PROCESSING

二氧化碳浸渍法 | 种植; 处理

二氧化碳浸渍法在葡萄酒的世界中有明确的定义。而在咖啡的世界，一切开始于 2015 年的世界咖啡师大赛。当时的冠军咖啡师是塞尔维亚出生的澳大利亚选手沙夏・赛斯提（Saša Šestić），他使用了一款二氧化碳浸渍法处理的咖啡豆。咖啡和葡萄酒其实有很多共同点：它们都是由单一原料制作、具有丰富味道的饮品，而且原料种植地的地域条件对风味的影响都非常大。在葡萄酒行业中，二氧化碳浸渍法是将二氧化碳注射到葡萄里，在不损坏葡萄皮的情况下，让每一个单独的葡萄在内部发酵。处理咖啡豆时，我们也会用到发酵法，但是发酵的是咖啡果里面的种子，而不是果实。塞斯提和他的合作伙伴，也就是哥伦比亚农场主卡米洛・马里桑德（Camilio Marisande）一起，将这种方法试验在咖啡上，创造出了一款风味复杂度更高、尖锐乙醇酸度更低的咖啡。处理过程中，他们将温度控制在较低点，避免酒精增多。对于咖啡处理法的探索，从来都是非常广、非常细节的，界限不断被打破。

我们经常根据咖啡豆的处理方式来对咖啡进行分类，比如“水洗”“自然处理”等，其实咖啡果所处的温度和所使用的水对最终的风味也是有影响的。如果有机会，你可以在同一个庄园试一下用两种不同方式处理的咖啡，就会豁然开朗：或许差别很小，但却总会让你惊艳。

参见词汇
缓冲 第 38 页
反渗透 第 190 页

Cartridge filter | WATER FILTERATION

滤筒 | 水过滤

准确来说，应该是离子交换滤芯。滤筒在咖啡馆里是很常见的，放在柜台下方。这种技术在家用滤水壶中也有，比如碧然德（Brita®）滤水壶。它利用的是一种巧妙的化学反应。滤筒的内部是树脂，当水进入滤筒时，水的离子会和树脂中的离子互换（所以才会用“交换”这个词），因此过滤后的水就变成了另一种溶液。滤筒里的树脂有不同的配置方式。有一点是毋庸置疑的，进入滤筒的水所含成分决定了互换的内容，因此这个滤器得到的并不是唯一特定类型的水。过滤过的水是独一无二的，且取决于过滤前使用的水。当然，我们可以预见这个滤筒对不同种类的水的作用，因此能通过控制过滤前的水，最终获得想要的那一类水。总而言之，这类系统都是为了降低水的缓冲度。

参见词汇
世界咖啡师大赛 第 239 页

Cascara | COFFEE BY-PRODUCT

咖啡樱桃果干 | 咖啡副产品

“Cascara”是咖啡樱桃果实干燥后形成的壳状干果。这个名字来源于西班牙语中的“壳”（cáscara）一词。在以往，咖啡樱桃果干只是咖

啡的副产品，不起眼，也没什么用处。而在玻利维亚，将轻微烘焙过的咖啡樱桃果干制成的“咖啡果皮茶”倒是很常见，被称为“亲民的咖啡”。

近期，掀起了一股咖啡樱桃果干热潮，它甚至多次出现在世界咖啡师大赛的创意饮品环节中，并获奖无数。将咖啡豆和其共同生长的咖啡樱桃果实放在一起，毫无疑问能述说出一个动人的故事。现在咖啡樱桃果干的使用就比较多样化了，还出现了许多瓶装咖啡樱桃果干饮品。我最喜欢的一款咖啡樱桃果干饮品，是享用浓缩咖啡前的一道清口冷饮：咖啡樱桃果干格雷伯爵冷泡茶。第一次品尝这个饮品，是在伦敦的一家名为卡啡因（Kaffeine）的咖啡馆。咖啡树种植产地不同，制成的咖啡樱桃果干也会有不同的风味特征。而它最大的风味特征，也是它的本质——果干的味道：通常是葡萄干、雪莉酒和植物类风味。

参见词汇
肯尼亚 第 135 页
种 第 202 页

Castillo | VARIETY

卡斯提优 | 变种

卡斯提优种是咖啡变种、栽培品种和品种开发等多个方面的范例。如今世界上许多传播甚广的咖啡品种，或多或少都受到人类行为的影响。最终目标都是为了培育出产量更大、抗疾病能力更强、杯测品质更高的咖啡品种。这其实很难，因为杯测品质高的品种，通常产量较低，而利用罗布斯塔种培育出来的抗病品种，杯测品质却不高。当然，也有例外：肯尼亚以其栽培品种 SL 系列闻名于世，这是当时政府支持的项目，目标是培育产量更高的品种，机缘巧合，让他们发现了这款出品质量上乘的咖啡品种。

在美洲，严重的作物疾病是当地最棘手的问题，而哥伦比亚经过探索，培育出了一种优秀的抗病品种，那就是卡斯提优。与其他栽培种一样，卡斯提优曾遭受很多偏见和质疑：人们觉得它的杯测品质肯定不好，且认为它应该无法媲美产量较低、抗病能力较弱的卡杜拉品种。确实，在咖啡的世界，很难将一个单独的咖啡品种，在毫无对比的情况下，贴上好坏的标签：比如，一款在肯尼亚大受欢迎的咖啡，在萨尔瓦多却不见得。咖啡土地项目（Coffee Lands Project）中迈克尔·谢里丹（Michael Sheridan）的工作，让人们对卡斯提优的看法发生了改变，他的试验是让人们盲品卡斯提优和卡杜拉，并选择偏好。重要的是，谢里丹的研究中显示，在适合卡杜拉的种植条件下，希望卡斯提优能够产出与卡杜拉相同的高杯测品质咖啡是不公平的，也不会高产，关键是找出适合卡斯提优的种植条件。

Channelling | BREWING

通道效应 | 冲煮

这个词指的是水流过咖啡粉饼形成的通道，通常出现于萃取浓缩咖啡时。制作浓缩咖啡，应让水均匀地渗透整个咖啡粉饼，然后完整地提取出所有咖啡粉的味道。如果水没有均匀地渗透整个咖啡粉饼，而是在粉饼中形成一条或多条通道，我们就称之为通道效应。这是个大问题，当通道效应形成时，说明水在这些通道里提取的咖啡味道较多，而其他部分的咖啡粉并没有提取透。通道效应的形成有多种原因，比如咖啡粉在粉碗中分布不均、压粉问题、磨粉粗细不一

参见词汇
萃取 第 86 页
布粉 第 110 页
无底手柄 第 155 页
过滤手柄 第 176 页
压粉 第 213 页

等。使用无底手柄就可以观察到是否有通道效应发生。

Chemex™ | BREWING

凯梅克斯美式滤泡壶 | 冲煮

凯梅克斯美式滤泡壶诞生于20世纪40年代初，不管是它的优雅造型还是冲煮能力，都堪称一款标志性的手冲咖啡壶。诸多流行文化中也有它的身影，更说明了它的魅力。我最喜爱的场景是伊恩·弗莱明（Ian Fleming）系列小说改编的电影《007之俄罗斯之恋》（1957年）中，詹姆斯·邦德（James Bond）在某个清晨用这款美式滤泡壶冲泡咖啡。凯梅克斯的玻璃和木制融合设计是一大亮点，而独特的滤纸才是造就其优秀出杯品质的原因。人们越来越认识到不同过滤方式中所用的滤纸对于出杯质量有非常大的影响，而且它很大程度上定义了我们偏好的过滤方式。所谓的“滤纸品测”就是为了辨别哪种纸质对出杯风味影响最小。纸的风味是一回事，纸对咖啡中不同元素的萃取能力又是另一回事。凯梅克斯的滤纸是合成纸，且纸质厚重，出杯品质非常清爽、“干净”，咖啡中的沉积物和油脂很少。在常规的滤纸品测中，凯梅克斯滤纸表现也是很好的。

China | ORIGIN

中国 | 产地

身为茶之大国的中国开始拥有越来越多的咖啡消费者，而且让人惊喜的是，云南省已经有了不少咖啡种植园。咖啡早在19世纪80年代末就被引入中国，但是到了近期，种植量和消费量才突飞猛涨。

云南咖啡也是在最近引起了精品咖啡行业的注意，而且作物品质还在不断改善。在中国，人们喝咖啡的习惯也正在改变，不仅消费量有所增加，人们对高品质咖啡体验的兴趣也越加浓厚。上海的中国咖啡与茶博览会是全球最大的博览会之一。参加过这个博览会，你就能体验到如今精品咖啡在中国如火如荼的态势，以及人们的热情和激情。

Clean | TASTING

干净度 | 品尝

参见词汇
瑕疵 第 67 页
自然处理法 第 156 页
爪哇老布朗 第 163 页
水洗处理法 第 235 页

“干净的咖啡”这样的描述通常会引出一个问题——“它是‘脏’咖啡的反义词？”而答案是“嗯，是的”。冲煮咖啡的时候，会有许多潜在问题，导致咖啡中掺杂了不必要的风味，那就是“不干净的咖啡”。有很多瑕疵风味通常都是“脏”的，比如陈年咖啡中的刺激木质味。处理较好的咖啡，品尝起来就会让人觉得“干净”。自然处理的咖啡总是会引发争议，因为它们比水洗咖啡豆的干净度要低。当然，这个词并不是用于描述一款精心处理后的咖啡味道。比如，一个种植于低海拔、生长环境较差，且出产品质不高的品种，即使经过千挑万选、谨慎处理，也不一定可以萃取出非常干净的咖啡。

Climate change | GROWING

气候变化 | 种植

参见词汇
海拔 第 16 页
阿拉比卡 第 18 页
叶锈病 第 140 页
可持续性 第 211 页

气候变化将会对咖啡种植带来巨大的影响，对其他作物亦然。种植高品质的阿拉比卡豆，需

要特殊的气候和温度，且要在海拔 1,000 米以上，而随着气温上升，这种最佳种植位置要往高处移动，也就是说能够出产优质咖啡豆的地方越来越少了。

气温上升还意味着叶锈病的传播更容易，问题更严重。对抗气候变化，方案之一是要培育更多品种，比如可在低海拔地区种植抗叶锈病的高品质品种。提醒一下大家，这并不是什么新鲜事：培育出这类品种肯定非常有价值，只不过相比之下，现在更迫在眉睫了。事实上，气候变化将改变咖啡的品质，且让高品质咖啡种植变得更加困难。

CO^2

二氧化碳

参见词汇“粉层膨胀（Bloom）”和“油脂（Crema）”。

Coffee futures market

咖啡期货市场

参见词汇“C 市场（C market）”。

Cold brew | DRINKING TYPE

冷萃 | 饮品类型

参见词汇
萃取 第 86 页

不管是精品咖啡馆还是国际连锁，冷萃咖啡随处可见，而且这种新式咖啡跟澳白一样，已经成了一种风尚。冷萃的原理很简单：那就是用冷水而不是热水冲泡咖啡。热水的温度可以促进咖啡萃取，想要达到同等效果，用冷水萃取咖啡的时间就得大幅度延长，不管是冰滴法还是冷泡法都是如此。冷萃的时间通常要长达好几个小时。当然，长时间冷萃并不能完全达到用热水冲煮咖啡的效果，所以冷萃咖啡和普通咖啡还是有区别的。冷萃咖啡的酸度非常低，伴有巧克力味和麦芽味，通常都是比较偏酒精的风味。

冷萃咖啡有利有弊，它可以让许多咖啡的口感更丝滑，但却无法留住咖啡的酸味和独特香气。氮气冷萃咖啡也开始盛行，从类似啤酒泵一样的水龙头中冒出来。加入氮气让冷萃咖啡的上方产生如吉尼斯啤酒一样的绵密气泡，让咖啡更像一杯啤酒了。

Colombia | ORIGIN

哥伦比亚 | 产地

参见词汇
卡斯提优 第 51 页

哥伦比亚是盛产多种高品质咖啡的国家之一。比如在安蒂奥基亚省，有巧克力味、醇厚度饱满的咖啡；在乌伊拉省（精品咖啡市场的宠儿），有极其成熟、果味浓郁，伴有果汁感的咖啡，可以与肯尼亚的咖啡一较高下。哥伦比亚有多个微气候地区，有主收获季和次收获季，因此几乎一年四季都可收获到新鲜的咖啡。作为全球主要咖啡生产国之一，哥伦比亚拥有先进、发达的咖啡相关基础设施。哥伦比亚国家咖啡生产者协会（简称 Fedecafé）和国家咖啡研究中心（Cenicafé）就是最好的例子，后者正是培育出抗病品种卡斯提优的实验室。

参见词汇
伦敦劳埃德保险社 第 142 页
第三空间 第 217 页

Constantinople | HISTORY

君士坦丁堡 | 历史

据说，咖啡被引入奥斯曼帝国后，第一间咖啡馆诞生于 16 世纪中叶的君士坦丁堡（现如今的伊斯坦布尔）。

咖啡馆文化，特别是它所提供的用于公共辩论、商务应酬和社交的环境，都可以追溯到这座让人惊叹的城市，以及它自身丰富、复杂的文化内涵。自君士坦丁堡开始，咖啡馆文化开始向四周传播开来，到达阿拉伯国家、欧洲，乃至全世界。

参见词汇
蜜处理法 第 118 页

Costa Rica | ORIGIN

哥斯达黎加 | 产地

哥斯达黎加一直以其品质咖啡而闻名于世。近期，越来越多农场主们开始成立自己的磨坊，生产小批次咖啡，推动这个国家的溯源做得更好。许多农场主也开始研发新的处理方式——蜜处理法就是来源于这个国家。哥斯达黎加有多个咖啡种植区，其中塔拉珠产区的高分咖啡享誉世界。哥斯达黎加咖啡的风味非常多样，比较常见的是清爽香甜的咖啡，带有花香、浆果和轻微坚果的味道。

参见词汇
浓缩咖啡 第 79 页
世界咖啡师大赛 第 239 页

Crema | ESPERSSO

油脂 | 浓缩咖啡

多么美丽的咖啡油脂啊！在很长一段时间里，咖啡油脂（浓缩咖啡表面一层薄薄的泡沫）的外观和品质，是定义高品质浓缩咖啡的标准之一。依传统而言，完美的咖啡油脂是厚厚的，具有泛红的榛果色，它能托住一茶匙的糖好几秒不塌陷。如果你运气好的话，还会碰到“虎纹”——油脂表层闪闪发光的斑纹。然而，咖啡油脂说白了就是冲煮咖啡时，压力作用于咖啡粉中的二氧化碳而产生的副产品。

它不能评判一杯咖啡的品质，但是能体现咖啡豆的新鲜程度（放置时间越长，咖啡豆中的二氧化碳就越少，油脂也就越少）和烘焙深度（烘焙颜色越深，油脂颜色越深）。总的来说，高分咖啡并不一定产生高分的咖啡油脂。在世界咖啡师大赛中，咖啡油脂的分数占比越来越低。咖啡品质更多是由其他因素决定，比如咖啡生豆的质量、烘焙质量和萃取质量等。

参见词汇
巴拿马 第 169 页

Cup of Excellence | COMPETITIONS

卓越杯 | 竞赛

卓越杯（简称 COE）是一个每年在许多咖啡生产国之间举办的咖啡竞赛，根据咖啡质量给参赛咖啡评分，之后，顶级的批次将通过互联网拍卖会，卖给世界各地出价最高的拍卖者。这个影响力甚广的赛事是由美国精品咖啡泰斗乔治·豪厄尔（George Howell）和苏茜·斯平德勒（Susie Spindler）共同创立的。它真正做到了将焦点聚集在咖啡质量上，根据质量进行评奖，并让这些生产商有机会接触到真正想要购买品质咖啡的国际买家。某些国家（比如卢旺达）的咖啡种植业因这个赛事发生了翻天覆地的变化，也引起了人们对一个国家咖啡质量的关注。当然，并不是所有咖啡种植国家都会举办卓越杯，也陆续有不同的拍卖体系出现，比如最佳巴拿马（Best of Panama）。

Cupping | TASTING

杯测 | 品尝

杯测这个名称，不仅有点诙谐[①]，而且杯测的过程还伴随着错落有致的啜吸声。杯测是品鉴和购买咖啡前最重要的步骤。

为了得到最一致的结果，“杯测师”，也就是咖啡品鉴师会遵循一套特殊但其实很简单的流程：将咖啡豆磨成粉装在粉碗里，闻一下咖啡粉，加满热水，等待四分钟，然后用勺子穿透膨胀的粉层，搅拌三次。搅拌的时候，闻一下咖啡的香味，然后静候六分钟再品尝。品尝咖啡时，杯测师要像用汤匙一样，将勺子放入咖啡里，不要搅动底部的咖啡粉，舀出咖啡，然后啜吸勺子中的咖啡，让空气和咖啡一起进入口腔中。之后，在十分钟内，杯测师可以对每杯咖啡再品尝两次。整个流程最大的益处是杯测师可以一次品尝好多种咖啡。人们常说杯测是品尝咖啡的基本方式，而且在制作浓缩咖啡或过滤咖啡时，我们对咖啡的关注点应与杯测时一样。

我却不这么认为。杯测只是另一种冲泡咖啡的方式，若在制作咖啡时作为一种初步判断咖啡味道的途径，它可能是一种阻碍。因为杯测方法制作的咖啡并不是我们日常中冲泡且消费的那一类咖啡。

① 杯测的英文“cupping”意为杯吸法，也指中医的拔火罐。

Decaf | PROCESSING

低因咖啡 | 处理

所有低因处理法都是在烘焙前的生豆阶段发生的。低因咖啡处理法有很多种，其中最有名的有两种：专利瑞士水处理法（简称SWP）和二氧化碳处理法。瑞士水处理法，是先将一批生豆浸泡在热水中，待热水充满了咖啡因和风味因子之后，将这批无咖啡因、无风味的咖啡豆取出丢弃，去除水里的咖啡因，然后往所得溶液中加入新一批咖啡豆 。新的咖啡豆只会释放咖啡因，而不会释放风味因子，因为水中的风味因子已经处于饱和状态。二氧化碳处理法是使用大约1,000磅每平方英寸（psi）的压力（约6894.8千帕）将二氧化碳注入咖啡豆，从而将豆子中的咖啡因提取到水溶液里。低因咖啡通常用的是销售不佳的陈年咖啡生豆，所以一开始的选种就没有特别好。虽然迄今为止已经证实低因处理是不可能完全不影响风味的，但如果用的是新鲜的、经过仔细烘焙的豆子，最终效果也会比一般低因咖啡好得多。

Defects | GROWING; HARVESTING

瑕疵 | 种植；收获

咖啡风味的许多方面都是相对的：你喜欢哥伦比亚安蒂奥基亚省口感圆润的巧克力味咖啡，还是哥伦比亚乌伊拉省果味丰富的咖啡呢？无论偏好如何，如果它们的瑕疵风味少点，同样是两款咖啡，我们总能得到更好的版本。

瑕疵主要来源于咖啡樱桃还长在树上的时候，或者是收获、处理的时候。常见原因有虫害和真菌。大部分瑕疵豆可以被挑出来，比如受过训练的人可用肉眼看到，或者分拣时利用科技手段，如紫外线灯和 LED 灯拣选机器等。但是，即使是最先进的科技也不一定能找到所有的瑕疵。举个例子，卢旺达咖啡和布隆迪咖啡中常出现的“土豆味瑕疵”几乎是无法在制作咖啡前辨认的，只有到磨咖啡粉时，才会闻到一股清晰的生土豆味。产生土豆味瑕疵的原因仍有争议，但大部分人认为这与一种椿象有关。

参见词汇
卢旺达 第 194 页
种 第 202 页

Democratic Republic of Congo | ORIGIN

刚果民主共和国 | 产地

刚果民主共和国是非洲第二大国家，它的东部地区有着得天独厚的咖啡种植条件，基伍湖周边区域与卢旺达著名的基伍咖啡种植区相邻。这个国家才刚开始规律地生产一些高品质咖啡，由于它一直处于动荡状态，因此咖啡的生产也受到了直接影响。现在，有许多烘焙师、原料采购公司和认证组织都在这个国家中运营，不断努力改善生产，希望能够帮助它达到应有的咖啡生产水

平。高品质的刚果咖啡风味复杂，有着浓郁的柑橘风味，酸度明朗，伴有圆润的巧克力味。到现在为止，这个国家中的罗布斯塔种产量远远超过阿拉比卡种。

Density table | SORTING

密度筛选床 | 分拣

也叫奥利弗床（Oliver table），是一种通过振动来筛选咖啡生豆的方式。床机本身有一定倾斜度，密度较大的豆子往高处移动，密度较小的豆子往低处移动。咖啡豆的质量和密度存在关联性：密度较小的生豆一般是未成熟的豆子。像密度筛选床这样的科技手段能极大改善各批次咖啡豆的质量。人工分拣和肉眼分辨确实也能完成大部分工作，但如果借助科技能发现我们的手和眼无法触及的因素，对咖啡生产也是极其有利的。

参见词汇
一爆 第93页

Development | ROASTING

发展 | 烘焙

在咖啡的世界，“发展”基本上只出现在烘焙的时候。它可以指两样事物，一个是指烘焙时的一段特定时间，另一个是概指咖啡豆烘焙程度有多好。烘焙咖啡豆时，会有许多阶段和化学反应。如果这些阶段和化学反应没有被充分发展出来，最终冲泡的咖啡会变得油腻、酸涩，丰富度不够。此外，如果咖啡豆烘焙过度，也会发展出本不该有的阶段和反应。品尝咖啡时，喝咖啡的人甚至能够察觉烘焙过程对咖啡味道的影响，也能分辨咖啡豆是“发展不足”还是“发展过久”。“发展期”特指“一爆”之后所用的总烘焙时间，其实用百分比来说明会更好。更让人困惑的是，如果咖啡豆在烘焙前期受热不充分，即使发展期很长，也会发展不足。

参见词汇
冲煮比率 第 36 页
萃取 第 86 页

Dose | BREWING

剂量 | 冲煮

剂量是个比较直白的专有名词，通常指冲煮一种特定咖啡所需咖啡粉的量，也可指其他，比如水的用量。剂量通常会写在咖啡“配方”中。冲煮咖啡既是个物理过程，也是个化学过程。我们将咖啡粉溶解在水里，就能够得到一杯咖啡，而在配方里，整个冲煮过程被拆分成多个部分，每一部分都会影响最终的咖啡风味，且影响非同小可。我遇到过许多顾客，对咖啡非常感兴趣，但同时也经常因为冲煮的咖啡口味不稳定而感到沮丧。“我每天冲煮咖啡的步骤是一样的，但是咖啡味道却都不一样。”常常有人这么说。咖啡有太多“不稳定”因素，“稳定”的质量的确是现代精品咖啡领域的核心追求。而现实是配方中微小的变化都会极大地改变咖啡的味道，一旦找出配方中影响风味的关键部分，就可以轻易获得更稳定的咖啡质量，并解开谜团。

Drum roaster | ROASTING

鼓式烘焙机 | 烘焙

想要将绿色的咖啡豆转化为味道丰富、层次复杂的棕色咖啡豆，需要通过烘焙来完成。最传统，也是现在还在流行的烘焙方式是鼓式烘焙机。虽然现在市面上的机器多种多样，但基本都遵循一个简单的原理：配有一个大的、可旋转的

金属鼓状容器，外部受热（通常是底部受热），就像一个烤肉叉架，鼓状容器中间有气流通过，带走多余的烘焙烟雾。

鼓式烘焙机大同小异，无论哪一种，操作者都可以控制烘焙过程中的其他因素，比如气流速度、受热程度和鼓状容器旋转的速度，都可以调节。烘焙的咖啡有几百种风味化合物，而烘焙过程中的细微差别都会引起咖啡风味的惊人变化。另一种比较流行的方式是浮风式烘焙：咖啡豆处于静置状态，然后通过热风床烘焙。

Dry aroma | TASTING

干香 | 品尝

干香指的是咖啡豆磨成粉后，未添加任何水时散发的香味（加了水后我们闻的是“湿香”）。咖啡在不同的时间点会散发出不同的香气。你可能经常听人说“我喜欢咖啡的香味，但不喜欢它的味道”。当然，我们不了解这个人是因为品尝了很多种咖啡的味道都不喜欢，且闻过了很多干香气很喜欢，还是说他的想法其实被一款深焙商业咖啡所影响，那杯咖啡可能闻起来香味浓郁，且带着香甜巧克力味，但是品尝起来却像灰烬、泥土和电池的味道。不论哪一种，可以肯定的是咖啡的干香和其本身的味道体验是截然不同的。

Dry distillates | TASTING

干馏群组 | 品尝

咖啡由多种多样的化合物组成，而这些化合物通常被分为几个风味群组——果酸、香气、焦糖和干馏。

干馏群组其实是对高温过程中所产生的副产品的泛称，比如木头味、烟熏味或焦味等。有趣的是，这个群组里的大部分味道都是比较重的化合物，与果香和花香相比，其实更难从咖啡中释放出来。这就是为什么冲煮一杯咖啡的水过热、时间过长，或者咖啡粉太细，就更容易释放重化合物，并产生刺鼻的味道。

Ecuador | ORIGIN

厄瓜多尔 | 产地

参见词汇
越南 第 231 页

厄瓜多尔是咖啡行业里“富有潜力”的国家之一。厄瓜多尔的优质咖啡味道复杂，甜度高，带有诱人的果香味，醇厚度中等，酸度适宜且独特。虽然这类咖啡正逐渐变多，但是总数仍然是少之又少。精品咖啡行业对这个国家的投资，说明它还有很多品质咖啡有待挖掘。在厄瓜多尔当地，速溶咖啡是最受欢迎的，且出于成本的考虑，主要是进口自越南的速溶咖啡。厄瓜多尔的咖啡生产正在稳步提高，多种微气候地区为独特的卓越咖啡品种创造了机会。

El Salvador | ORIGIN

萨尔瓦多 | 产地

参见词汇
波本 第 35 页
帕卡马拉 第 169 页

早在 20 世纪 70 年代末，萨尔瓦多就是全球第三大咖啡生产国——对于这个中美洲最小的国家而言，可是一件很了不起的事。那时的咖啡出口约占了整个国家出口额的 50%。之后，受到内战和土地改革的影响，咖啡产量再也没有突破当时的高度。萨尔瓦多现在的咖啡出口仅占全国出口额的约 3.5%。由于经济、政治和

农业发展等因素的影响，如今萨尔瓦多更专注于生产精品咖啡，集中在高海拔的种植产区和精致生产。

我在拜访这个国家时，虽然确实发现很多影响咖啡生产的因素，但是我也看到了许多对咖啡充满热情的农场主，他们积极地探索咖啡豆处理方式，还建立了不同品种的种植地。这个国家最出名的应该是水洗波本咖啡豆。萨尔瓦多人非常有远见，栽培新品，并为咖啡行业贡献了许多独特的咖啡品种，比如帕卡马拉种，是由象豆和帕卡斯种杂交而成。高品质的萨尔瓦多咖啡通常有香甜的巧克力风味和浆果一般的酸味。

Espresso | BREWING; DRINK TYPE

浓缩咖啡 | 冲煮；饮品类型

参见词汇
油脂 第 63 页
压力 第 179 页
浓度 第 206 页

浓缩咖啡，该从何说起呢？浓缩咖啡是个标志性饮品。它本质上就是一杯浓烈、小份的浓缩咖啡液，通过压力萃取，表面会产生一层泡沫，称作“油脂”。它也是现代咖啡馆现象在全球传播开来的一大驱动力。制作浓缩咖啡其实是个很讲究的过程，而且很难做得好，这也正是它的浪漫和迷人之处。意大利作为意式浓缩的开山鼻祖是当之无愧的，可以说是它创造了浓缩咖啡机，而且多年来也很大程度上定义了什么是一杯好的浓缩咖啡。直至今天，优质浓缩咖啡的定义在大多数情况下是有严格标准的，比如油脂的外观、25 秒钟“精准”的冲煮时间和“精准”的液体量等。近年来，这个狭义的定义被拓宽了，人们意识到若要优化咖啡质量，比如浓缩咖啡，就要调整规则来适应这类咖啡。

这无疑是个积极的探索，但是也会带来一个问题，咖啡什么时候才不是浓缩咖啡呢？你可以花很长时间，用一台浓缩咖啡机冲煮一杯类似过滤咖啡的饮品，也很好喝。对我而言，浓缩咖啡就应该是浓缩的。若低于 7% 的浓度，我就觉得不一样了——可能味道也不错，但对我来说，它已经不是浓缩咖啡了。

参见词汇
地域 第 214 页
变种 第 228 页

Ethiopia | ORIGIN

埃塞俄比亚 | 产地

埃塞俄比亚经常被理所当然地宣传为咖啡的发源地。严格来说，阿拉比卡种的真正发源地是有争议的，埃塞俄比亚和也门就是两大热门竞争者。然而，埃塞俄比亚确实是天然阿拉比卡种的家园，品种数量惊人。埃塞俄比亚高地是阿拉比卡种的绝佳栖息地，几乎涵盖了世界上所有的阿拉比卡种。也正因如此，埃塞俄比亚有潜力生产各式各样、风味各异的特色咖啡。与美洲不同，大多数埃塞俄比亚的咖啡都并非以农场为单位生产，而是合作社组织生产。许多小农，有时甚至有几百个，会将自己的小批次咖啡放在一起，集中存放在一个中央处理坊。这种情况要做溯源的话，自然就困难很多。你在埃塞俄比亚的一个处理坊里买的咖啡，很有可能跟别处买的是同一种。当然，不同批次的咖啡在不同的时间段进入中央处理坊，所以每种咖啡的特征独立取决于某一合作区的收获地点和时间。举个例子，耶加雪菲种植区的水洗咖啡就带有浓郁的花香和茶香，伴有柑橘味。

埃塞俄比亚西部产区的水洗咖啡也是偏花

香，稠厚度更饱满。与之形成鲜明对比的是来自西达摩和哈勒尔产区的咖啡，味道更突出，带有巧克力和满溢的成熟水果风味。

参见词汇
阿拉比卡 第 18 页
萨尔瓦多 第 77 页
种 第 202 页
世界咖啡师大赛 第 239 页

Eugenioides | SPECIES

欧基尼奥伊德斯 | 种

罗布斯塔种可能被认为是阿拉比卡种在商业上的替代品和次品，但如果没有罗布斯塔，就没有阿拉比卡。罗布斯塔种其实是阿拉比卡的母株，而与罗布斯塔杂交的另一个品种就是欧基尼奥伊德斯种。该品种在咖啡行业里知晓的人不多，也是最近才开始引起人们的关注。哥伦比亚生产商卡米洛·马里桑德（Camilio Marisande）近年来一直在试验独特且稀有的品种。苏丹鲁美就是其中一种。苏丹鲁美种植于哥伦比亚云雾庄园，是世界咖啡师大赛冠军沙夏·赛斯提的参赛豆。而在几英里外的圣洁农场，就种植着欧基尼奥伊德斯种，且大为成功。美国冲煮赛冠军萨拉·安德森（Sarah Anderson）在准备国际大赛时，知识分子咖啡（Intelligentsia Coffee）的副总裁杰夫·沃茨（Geoff Watts）在盲测台上准备了几款咖啡。最终，萨拉选择了这款颇具特色的欧基尼奥伊德斯种咖啡，参加了 2015 年世界冲煮大赛，并获得了第五名的好成绩。我很幸运当时在瑞典哥德堡的比赛中品尝到了这款咖啡。它的味道非常独特，高品质阿拉比卡咖啡豆中特有的柠檬酸感在这款咖啡中几乎没有。它的甜度很高，像加了糖一样，尝起来像谷物类饮品，也有人觉得像茶。

参见词汇
咖啡师 第 23 页
浓缩咖啡 第 79 页
第三浪潮 第 218 页

Europe | COFFEE CULTURE

欧洲 | 咖啡文化

欧洲有丰富且多样化的咖啡历史。意大利和意式浓缩自不用说，你可在吧台前一饮而尽，全天供应。此外，欧洲还有遍地开花的咖啡馆文化，花样之多，让人惊叹。根深蒂固的咖啡文化传统流传至今。这些咖啡馆通常很晚才开门，搭配咖啡的甜品琳琅满目，且每一样都有自己的特色。大大小小的咖啡馆环境各异，氛围丰富多彩——或奢华宏大，或娇小温馨。你可在庄严华丽的维也纳咖啡馆，沉迷于一口甜蜜的萨赫蛋糕；也可在巴黎的街头藤条椅上，品一口黑咖啡，看街上人来人往。有趣的是，所谓的咖啡界“第三浪潮”在欧洲反而并不普遍，至少到了近期才逐渐流行起来。对精品咖啡的热情开始在欧洲各地兴起，特别是在一些主要城市。看到非精品咖啡区域的人不停地去尝试专业咖啡，充满活力与热情，是非常振奋人心的，可见人们对咖啡产生了新的兴趣，也唤醒了新的激情。

参见词汇
咖啡师 第 23 页
埃塞俄比亚 第 80 页

Evenness | HARVESTING; ROASTING; BREWING

均匀 | 收获；烘焙；冲煮

在种植咖啡豆到冲煮咖啡的全过程中，很多环节都可以用到“均匀”这个概念。对于一位咖啡师而言，在咖啡准备阶段，均匀是至关重要的。均匀研磨、均匀布粉、均匀用水等，都是咖啡师在冲煮咖啡时要达到的目的。烘焙是一样的道理——要均匀烘焙；还有收获，咖啡豆的分级很大程度上取决于均匀的生豆大小和形状。

咖啡品质和不同的均匀标准有必然的关联性，但规矩不是一成不变的。2015 年的世界咖啡冲煮大赛冠军奥德–斯坦纳·托勒森（Odd-Steinar Tøllefsen）为了凸显一款咖啡的特色，故意进行了不均匀的干燥处理。那是一款自然处理的埃塞俄比亚咖啡，名叫西蒙阿拜咖啡豆（Semeon Abbay Nikisse），是以发现该豆子风味的人西蒙·阿拜（Semeon Abbay）命名的。

参见词汇
折射计 第 189 页

Extraction | BREWING

萃取 | 冲煮

萃取，指的是“移除或提取，特别是通过力量或压力进行”。萃取就是所有咖啡冲煮方式或咖啡制作过程的核心概念。归根结底，冲煮咖啡的原理就是用一些水将咖啡粉里的风味提取出来。然而，也正是萃取过程的复杂度让我们叹为观止，并在冲煮咖啡时带来无尽的乐趣或沮丧。如果你简单地认为咖啡的浓淡就是咖啡粉萃取的多少也无可厚非。萃取过程中的问题是，不同的比率会提取出不同的化合物，因此咖啡粉萃取的程度会带来不同的风味。尖锐、酸感，以及水果风味通常会先出来，接着是深层、浓郁的香味，最后才是木头味和苦味。一款萃取得当的咖啡，所呈现的味道就会相对平衡。咖啡行业里巧妙地运用了折射计这一技术来测量咖啡的浓度，从而推测萃取度。但是，这种仪器所提供的数据并不全面，因为其他因素，比如咖啡粉研磨的均匀度、水压、温度等，都会影响咖啡的萃取类型和美味程度。

最优的萃取度通常是 20%，意味着咖啡中

20% 的风味被水提取了出来，而剩下的都残留在咖啡渣里了。当然，咖啡品质最终还是由品尝的味道决定，所以萃取度会有所不同，但 20% 还是个很有用的标准。速溶咖啡要经过高温处理和多次冲煮，因此萃取度是最高的，可高达 60%，因此速溶咖啡的制备过程是最高效的方法，但却不见得是制作最美味咖啡的方法。

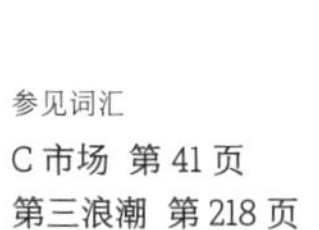
参见词汇
C 市场 第 41 页
第三浪潮 第 218 页

Fairtrade | CRETIFICATION

公平贸易 | 认证

有个稀奇的现象，公平贸易认证在全球的精品咖啡行业、“第三浪潮”咖啡馆和烘焙师中，都非常罕见。其实是因为公平贸易认证是为了保护咖啡种植者免受商业化“C 市场”的影响。而在精品咖啡领域，以品质取胜的咖啡价格可高于市场价的两倍，公平贸易认证的作用就不明显了。可见在商业领域，这个认证有利有弊。它的主要宗旨是让持有公平贸易认证的生产商至少能够实现售价与生产成本持平。“C 市场”摇摆不定，在某些时刻，动荡的市场价会让种植咖啡的人完全无利可图。有一项研究显示，在某些地区公平贸易认证下的买卖在市场价很低的时候进行，而之后市场呈上升趋势时，种植者则错过了高价买卖的机会。这是个很复杂的情况，但公平贸易的目标还是应该被支持，因为它确实能够在咖啡商业化的大背景下产生作用。有趣的是，在 2011 年，国际公平贸易（Fairtrade International）和美国公平贸易组织（Fair Trade USA）产生了标准不一致的现象，主要是两者所信任的群体不一样，一方认为应与大型组织机构合作，而另一方则认为该与小型的合作社合作。

参见词汇
二氧化碳浸渍法 第 47 页
自然处理法 第 156 页

Fermentation | PROCESSING

发酵 | 处理

人类在新石器时代已经开始使用发酵法生产各种饮料和腌制食品。发酵是一种代谢过程，能够将糖分转化为酸性物质、气体和酒精，它常被用来描述微生物的生长。有趣的是，发酵也可以很大程度上影响味道。温度、时间、糖分和细菌类型的改变都会导致不同的结果。咖啡生产商一直在研究加工过程中发酵咖啡的方式，同时也希望更好地理解现有过程和环境。发酵过程有可能对咖啡味道带来积极的影响，比如产生葡萄酒般的酸感和明显的醇厚度或甜度。当然如果发酵过度，它也可能降低咖啡的特色风味和品质。

参见词汇
北欧人 第 159 页
第三空间 第 217 页

Fika | COFFEE CULTURE

Fika 文化 | 咖啡文化

瑞典语中的 Fika，意为“咖啡与点心”，可与喝咖啡的休息时间或下午茶挂钩，但它也是一种独特的瑞典文化（在芬兰也有类似的东西）。Fika 是瑞典人的一个日常仪式，在需要社交的工作场所中尤为重要，人们相谈甚欢，品着好咖啡，吃着各式各样的烘焙糕点。肉桂面包，有时也被叫作 Fika 面包，就是一款非常受欢迎的点心。虽然 Fika 起源于咖啡，但如今其他饮品也逐渐进入 Fika 的世界，比如茶和果汁。

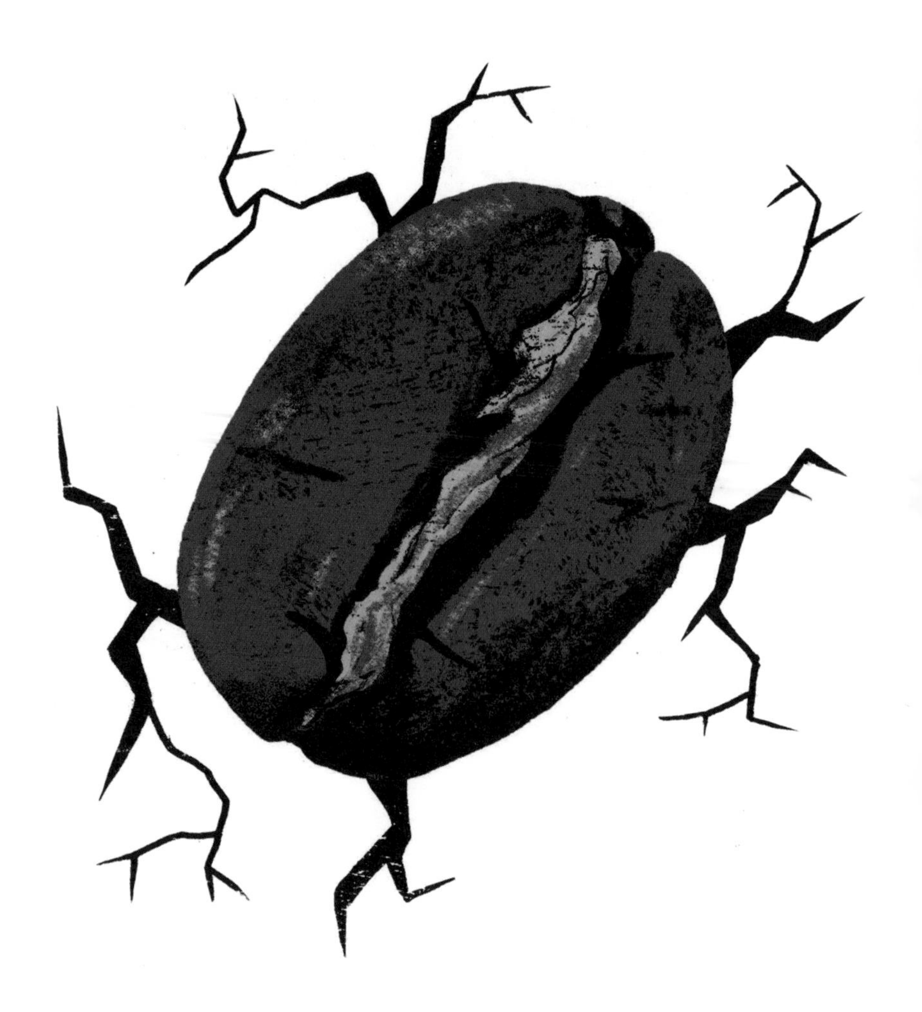

Filter

过滤

参见词汇“凯梅克斯美式滤泡壶(Chemex™)”。

Fines

细粉

参见词汇 “研磨(Grinding)”。

参见词汇
发展 第 71 页

First crack | ROASTING

一爆 | 烘焙

烘焙是个很有趣的过程，充满了感官刺激——味道、声响、翻滚和热气。对于新手来说，最引人入胜的体验之一就是咖啡豆第一次爆开的声音，也是一个烘焙阶段的信号。这个声音通常被比作爆米花的声音，但是我觉得更像是打响指的声音。一爆这个词跟咖啡豆在烘焙时经历的物理过程相关：加热后，咖啡豆中的水分往外冲，咖啡豆就会爆开，并膨胀到差不多两倍大。这个时候，咖啡豆是浅棕色的，且正是释放能量的阶段。除了一爆，还有二爆。二爆意味着咖啡内部累积了气体，开始分解、变油、变黑。

参见词汇
辊轴研磨机 第 193 页

Flat burr | GRINDING

平刀磨盘 | 研磨

将咖啡豆研磨成咖啡粉末有很多种方式，也有多种多样的磨豆机。最主流的磨豆机磨盘有两种：平刀磨盘和锥刀磨盘。不管是平刀还是锥刀，都由两个部分组成，这两个部分相互靠近或远离，从而改变咖啡豆经过的空间大小，同时碾碎咖啡豆。拿平刀磨盘来说，不同生产商的磨豆机的研磨程度会千差万别，这是不可避免的，因为小小的细节都可能造成差异，比如每分钟的转数、递送咖啡豆的方式、所用材料和直径，还有（特别是）毛刺的切割度等。

比起单刀研磨机，所有磨盘研磨机都有了很大的改进，因为单刀研磨机的原理就是劈碎咖啡豆，像榨汁机一样，因此磨出来的咖啡粉很不均匀。其他研磨科技还有空气研磨机和辊轴研磨机，但是这类研磨方法需要昂贵的设备。咖啡粉的研磨程度对咖啡的味道有难以预估的影响。现如今，越来越多人开始研究我们对研磨的理解和所用的设备。

参见词汇
浓缩咖啡 第 79 页

Flat white | DRINK TYPE

澳白 | 饮品类型

谁发明了澳白？我们给不出确切的答案，但可以确定的是它源自澳大利亚或新西兰的某个地区。下一个问题：什么是澳白？唔，大体上它里面有浓缩咖啡和奶泡，而且味道更浓郁。再往细了说，就因人而异了，几乎所有常见的咖啡饮品类型都有这个问题。同一种咖啡饮品会有各式各样的诠释方式，然后渐渐地，某些诠释方式就变成了真理一般的存在，至少对于特定的专家和狂热分子是如此。我最熟悉的澳白配方使用的是 6 盎司（约 28.35 毫升）大小的杯子，双份浓缩以及相对较淡的奶泡。传统的卡布奇诺是小杯且咖啡味浓郁的奶咖，几年间，它变得越来越大杯，在许多国家，卡布奇诺几乎等同于奶泡更多的拿铁。而澳白之所以能够传承下来，是因为它的咖

啡浓度，另外越来越多人开始抵制市场上主流的超大杯咖啡，开始关注咖啡本身，也使得澳白逐渐遍布于全球各地的咖啡馆。

参见词汇
醇厚度 第31页

Flavour notes | TASTING

风味标识 | 品尝

咖啡风味标识的描述性词汇，不管是文字标签还是在讨论中被提及，都会有点可怕。首先，品尝某样东西并要解析性地去描述它，这件事情本身很难，且需要专业经验。其次，世界上没有完美的风味：虽然呈现方式非常写实，但事实是，它极具主观性。咖啡的某些元素是可以客观感知的，比如醇厚度、口感和整体风格等。比如，我们可以轻易地感知到一款轻盈且香甜或口感圆润的咖啡。所有品尝类的训练都一样，经验才是关键。去品尝大量的咖啡，学着将一些词汇和表达与品尝时的感觉关联起来，有助于提升你对咖啡风味的感知力和描述能力。将咖啡风味说出来，与他人讨论，并将这一切联系起来，会是一件很好玩且有意思的事情。有一个精品咖啡风味轮（2016年更新）罗列了咖啡行业中用于描述不同风味的词汇（包括积极的和消极的）。这种预设好的语言也是极好的，至少全球各地的咖啡行业人士可以有一套共同语言和标准。

参见词汇
平刀磨盘 第93页
全浸式 第103页

Flow rate | BREWING

流速 | 冲煮

流速通常与时间有关——其实很简单，指的就是水流过咖啡粉到杯子里所用的时间。唯一一种不会谈到“流速”的咖啡冲泡方式是全浸式，而在全浸式冲泡中，我们会留意“浸泡时间”——也就是咖啡冲泡完成前，咖啡粉浸泡在水里的时长。

流速对浓缩咖啡的影响是有据可证的，因为冲泡浓缩咖啡时，流速直接与咖啡粉研磨程度相关。如果咖啡研磨较细，粉层密实，水流就不容易穿过粉层，从而流速会降低。相反，如果咖啡粉较粗大，颗粒间的空间变大，水流速度也就随即加快。研磨程度也会影响手冲过滤时的流速。与其他变量一样，流速对咖啡冲煮的影响也应从多方面去考量，所以很难找到固定不变的规律。你可能听说过“一杯完美的浓缩咖啡流速应是25秒”这种说法。这也不是一条铁律：基于所使用的咖啡、研磨机和咖啡配方，若要萃取到最美味的咖啡，流速可能会截然不同。

参见词汇
萃取 第86页
平刀磨盘 第93页
研磨 第109页

Flower

花朵

参见词汇“咖啡花（Blossom）”。

Freezing | storage

冷冻 | 储存

“将咖啡放在冰箱”是个常见的厨房建议，可以尽可能长地保持咖啡的质量。这个建议是有道理的：冷冻是多种食物保鲜的方式。唯一的问题是，冷气以及咖啡中膨胀的水分，是否会破坏咖啡风味。答案是“有可能”。当食物中的水分被冻住，细胞壁就会被破坏；特别是高水分含量的水果和蔬菜，比如西红柿，解冻后就容易变成软泥状。生豆的水分含量大概在11%左右，与

西红柿的 94% 相比少很多，所以不会有什么大问题。

烘焙豆水分就更少了，所以即使结成冰，也不成问题。冷冻生豆已被证实可以成功避免“陈豆（或老豆）”的味道，而且还引入了“陈年”这一概念：由于咖啡豆的易腐性，“陈年”在咖啡世界里是前所未有的。近期的一份学术研究报告显示，冷冻过的烘焙豆更脆，且温度不同，研磨程度也不一样。这也解答了为什么白天咖啡馆里的不同杯咖啡风味都不一样，因为繁忙程度不同，设备会改变温度。冷冻豆子也保留有更多挥发性香味，冲煮出的咖啡味道更好。当然也有秘诀，要将咖啡豆放在密封袋子里，越少氧气越好，取出使用时，要在豆子接触到水汽之前，马上研磨（还在冷冻状态下）。

参见词汇
全浸式 第 103 页

French press | BREWING

法式压滤壶 | 冲煮

法式压滤壶，也叫法压壶或栓塞壶，是最经典、最常用的冲煮工具。大体来说，就是将咖啡粉浸泡在壶中，然后用金属滤网往下按压，将泡沫和沉积物过滤到法压壶底部，再将咖啡液倒出来。金属网的网孔较粗大，因此法压壶冲泡的咖啡会带有一些沉积物，口感更大胆，风味更浓郁。有个小诀窍，如果你不太喜欢咖啡残渣，可以在按压过滤前，将表面的泡沫粉层舀掉。另一个需要关注的点是咖啡粉沉淀很快，所以水无法完全渗透。解决方法很简单，浸泡到一半时，搅拌一下即可。虽然我不喜欢咖啡残渣且经常会把泡沫层舀出来，但是我还是很喜欢法压壶的简单

直接，而且冲泡的咖啡味道都很不错。

参见词汇
哥伦比亚 第 60 页
肯尼亚 第 135 页
旧豆 第 172 页

Fresh crop | HARVESTING

新豆 | 收获

收获咖啡果实和收获水果无异。与所有水果一样，咖啡也有花期，随后就是果期，也就意味着咖啡果的收获取决于当年的气候和季度。咖啡作物的花期通常跟在雨季之后，然后开始结果。高级别的咖啡作物，通常要 9 个月时间才能成熟采摘。收获时间也长短不一，在某些国家收获时节很短，并且严格按照时间分区，而某些国家的收获时节可长达几个月。比如肯尼亚和哥伦比亚这样的国家，通常会有一个主收获季，再接着一个次收获季。大部分的咖啡果还是人工采摘，所以在收获季节，咖啡农场总是需要很多工人。由于烘焙师和消费者都会寻求新鲜收获的咖啡以获得最好的味道，因此赤道两侧不同的收获时间也就决定了精品咖啡的消费轨迹。

参见词汇
爱乐压 第 13 页
杯测 第 64 页
法式压滤壶 第 101 页

Full immersion | BREWING

全浸式 | 冲煮

过滤式冲泡咖啡的方式有很多种，多到过滤咖啡的设备就可以装满你们家的橱柜，而且每一种都有它的特色。但大致来说，主要分为两大类："全浸式"和"手冲式"。两者的区别在于：其一，全浸式即咖啡粉和水"浸泡"在一起，手冲式则是让水穿过咖啡粉；其二，在全浸式的冲泡时间里，水和咖啡粉一直在一起，而手冲式中，水被有序分开，在每个萃取阶段才会接触咖啡粉。人们对不同的过滤方式总是倍加关注，是我个人不太喜欢的事。我觉得只要处理得当且发挥得好，就能得到一杯好咖啡，这应是由咖啡产地、烘焙程度和水，而不是由冲泡方式决定的。话虽如此，不同冲泡方式之间的差异还是值得留意的，比如过滤设备的设计，包括所用的过滤器皿（纸质或金属网）和倾倒液体的方式，都会影响最终的咖啡风味。以法压壶为例，因为咖啡粉容易沉淀到最底部，因此没有被水完全萃取。而爱乐压则不同，水要经过咖啡粉后流出，就没有这个问题。全浸式冲泡方式，会比手冲式萃取更均匀，但也有个需要关注的点，因为剩下的咖啡渣会带走部分咖啡，因此全浸式最后所得咖啡会更少些。

Gear | BREWING

咖啡器具 | 冲煮

在生活中的各个领域，都普遍存在对设备的迷恋和着迷。“齿轮头（gearhead）”一词本是出自汽车行业，而在咖啡冲煮领域，特别是浓缩咖啡制作，也会有相应的齿轮装备（咖啡器皿）。你可以随便进入一个线上咖啡论坛看看，那里有无数漂亮的设备和新奇的工具，还有有关棘手问题的探索和方案，比如研磨机的电机速度、节流器和淋浴屏的使用等。从最经典的基础款到超高科技的前沿款，应有尽有。随着我们越发关注咖啡的质量，细微的差别也可带来意义非凡的效果。我经常将此与 F1 赛车相比。在日常生活中，0.5 秒的差距或许微不足道，但在赛道上却举足轻重。

参见词汇
埃塞俄比亚 第 80 页
巴拿马 第 169 页
变种 第 228 页

Geisha | VARIETY

瑰夏 | 变种

瑰夏咖啡豆也称艺伎咖啡豆，但和传统的日本艺伎（geisha）一点关系也没有，它的名字源于埃塞俄比亚的一个小镇，小镇周围广泛种植着这种咖啡作物。虽然瑰夏在其他国家也有种植，但是直到20世纪60年代引种到巴拿马后，它才逐渐开始成为顶级咖啡的旅程。

瑰夏咖啡树是一种优雅的长叶植物，产量低，需要合适的种植条件才能真正发挥所长。瑰夏咖啡通常与上乘的埃塞俄比亚咖啡相媲美，而不会与美洲咖啡豆相比较。优质的瑰夏有一股浓郁的香味，伴着层次感丰富的花香和均衡的果汁甜酸感。瑰夏在其他国家的种植也同样成功，且风格各异。最顶级的瑰夏批次价格很高，通常比全球其他咖啡品种的价格更高。瑰夏咖啡豆的成功存在着一些争议，人们认为一种咖啡不应获得过多的关注，而且理解它的品质需要背景知识。有点道理，但不得不说顶级瑰夏咖啡从来没让我失望过。我品尝过几次梦幻般质感的瑰夏咖啡，而在盲测时，只要桌子上有瑰夏，就会经常有人感叹："哇喔，这杯真了不得！"

God shot | ESPRESSO

圣杯 | 浓缩咖啡

参见词汇
咖啡师 第23页

"大多数的浓缩咖啡都有点垃圾，偶尔淘到一杯美妙的咖啡，又会让你莫名觉得：咖啡真美好啊。"大抵这就是"圣杯"的逻辑吧。将完美的咖啡称为圣杯，这种想法浪漫且令人愉悦，但也是个问题。一方面，咖啡作为一种农作物，每个批次都由无数粒单个咖啡豆组成，因此冲泡的咖啡天然受其咖啡豆品质的影响，风味各异。另一方面，"圣杯"的说法将浓缩咖啡的制作转化为一种黑暗的艺术，从而令不一致性和低质量更多变成了一种偶然问题。过去十年出现了一股批判思维、科学探索和技术精益求精的热潮，"圣

250g

杯”的概念已经慢慢失去了市场，人们开始关注咖啡的来源和味道，而不是注重原始的、以感觉为基础的手工制作。

在咖啡中引入科学，并追求更一致、更好的咖啡品质，是有一些阻力的。有些人认为科学的冲煮方式带走了咖啡独有的特点，咖啡手工感变弱，没有了神秘感，也不有趣了。我的个人观点是如果可以制作更多美味的咖啡，让更多人品尝到它的味道，那么咖啡的潜力和浪漫程度就会被提升。

参见词汇
C 市场 第 41 页
冷冻 第 98 页
银皮 第 198 页

Green | UNROASTED COFFEE

生豆 | 未烘焙的咖啡豆

在咖啡行业，你可能会遇到“生豆”这个词，比如会听到人问“生豆有多生？”“生豆多少钱？”它主要是用在未烘焙咖啡豆的产业里，是会在咖啡豆交易时出现的用词，而不是日常的咖啡消费场景。当咖啡果被采摘下来，移除了果肉和“羊皮纸”[①]后，得到的就是生豆。这些豆子通常偏绿色，所以英文中的生豆才用到“Green（绿色）”这个单词。咖啡的种类，特别是处理过程，会改变咖啡豆本身的模样，大多数会变成偏黄色。有趣的是，我们通常会将生豆质量和烘焙质量进行对比。比如说，有些生豆品质非常好，但是你有可能烘焙做得很差，或者烘焙做得很好，得到深绿色的咖啡豆。想要品尝出其中的差别，需要一定时间的尝试和历练。

① “羊皮纸”，即内果皮，或称革质膜。

参见词汇
冷冻 第 98 页

Grinding | PROCESSING

研磨 | 处理

咖啡研磨是个既简单又极度复杂的工序。简单的是，我们只要将咖啡豆研磨成小颗粒的粉状就好；但同时，它也复杂，因为我们要在不同的温度下研磨出不同粒径分布和不同形状的咖啡粒。

这是一个很好的例子：看似简单的词，却包含了非常多的细节。我们无法将咖啡研磨得颗颗均匀，所有的咖啡粉都是不同大小粉粒的混合。通过一个叫粒子分析仪的高科技设备，我们可以记录下具体有多少种粒径的颗粒，且每种粒径的颗粒有多少个。非常小的颗粒就是“细粉”，非常大的颗粒（当然是相对而言）就是“砾”。细粉的定义是小于 100 微米。1 微米就是 1 米的一百万分之一，超级小。举个例子，水雾中的水滴是 10 微米，而平常用的纸张厚度一般是 100 微米。咖啡粉越细腻，水就越容易溶解它里面的成分。

参见词汇
咖啡师 第 23 页
浓缩咖啡 第 79 页
萃取 第 86 页
过滤手柄 第 176 页
压粉 第 213 页
世界咖啡师大赛 第 239 页

Grooming | EXPRESSO

布粉 | 浓缩咖啡

在压粉和冲煮过滤前，需要挪动一下粉碗中的咖啡粉，我们称之为“布粉”。布粉就是将咖啡粉在粉碗中平铺开，使粉层分布更均匀，进而让水能够更均衡地过滤所有咖啡粉。布粉有多种不同的技巧。过去，许多专业咖啡师会使用“抹平法（stockfleth）”。这种布粉技巧，就是巧妙地用你的食指和拇指快速移动、铺匀咖啡粉。另

外还有一种方法，用你的食指在咖啡粉顶部，顺着“北、东、南、西”四个方向，各抹匀一次。这两种方式现在已经很少见了。在钢筋混凝土的建筑行业，震动就是最有效的抹平技巧；因此现在只要在粉碗的边缘（纵向）和底部（横向）轻敲几下，就可以有效铺平咖啡粉了。这个方法简单且聪明，还能让忙碌的咖啡师保持手部清洁，避免一整天手指都沾满咖啡粉。

也有人发明了专门的布粉工具。ONA 咖啡布粉器就是其中一种，由世界咖啡师大赛冠军沙夏·赛斯提发明。将布粉器放在过滤手柄粉碗上，底部呈像螺旋桨一样的圆盘状，用手转动布粉器，就能让咖啡粉均匀平铺开。

Guatemala | ORIGIN

危地马拉 | 产地

参见词汇
叶锈病 第 140 页

危地马拉是一个以品质咖啡闻名的国家，也是中美洲主要咖啡生产国之一。从地理位置上来看，危地马拉位于中美洲的北部，就在萨尔瓦多北方。对于它的大多数邻国而言，咖啡都是一种有价值的出口商品。危地马拉有许多咖啡种植区域，最出名的当属安提瓜岛。这个地区确实有一些惊人的咖啡出品，但与许多历史悠久的种植产区一样，价格都是偏上的。韦韦特南戈产区的咖啡在精品咖啡领域也很常见，也产一些真正品质上乘的咖啡品种。优秀的危地马拉咖啡通常是明亮的，带有层次复杂的果汁感并伴随巧克力的风味。有点遗憾，最近这里的作物正遭受着严重的叶锈病。

参见词汇
醇厚度 第 31 页
嗅觉 第 163 页
超级味觉者测试 第 210 页
鲜味 第 223 页

Gustatory | TASTING

味觉 | 品尝

当我们吃喝时，会将东西放到嘴巴里品尝，味觉就是这一过程中会用到的词，用于描述嘴巴里的品尝体验。但是，味觉系统其实是和鼻子共同作用的；事实上，我们大多数关于“风味”的感知是来自于嗅觉系统。

你可能听说过舌头的五大味觉分区：甜味区、酸味区、咸味区、苦味区和鲜味区。过去，人们经常会用一张舌头味觉分布图来吸引客人，上面展示了舌头的不同区域对应的味觉，但现在这种做法很有争议性。对于味觉来说，嘴巴应该是更多用于“感觉”，而不是用于辨别香气和风味。比如涩感、顺口丝滑度和醇厚度都应是味觉系统的范畴。真正卓越的咖啡体验应是能够同时唤醒、激活嘴巴和鼻子的功能。

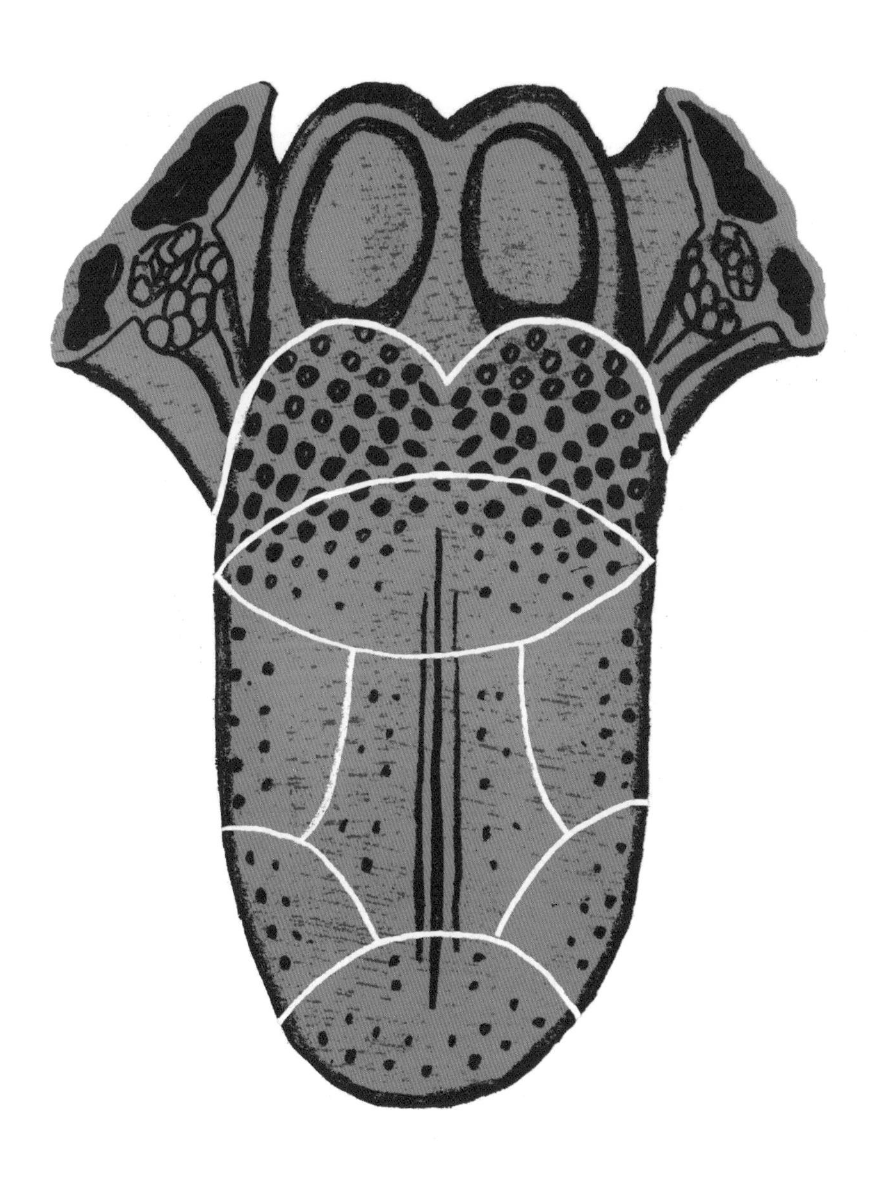

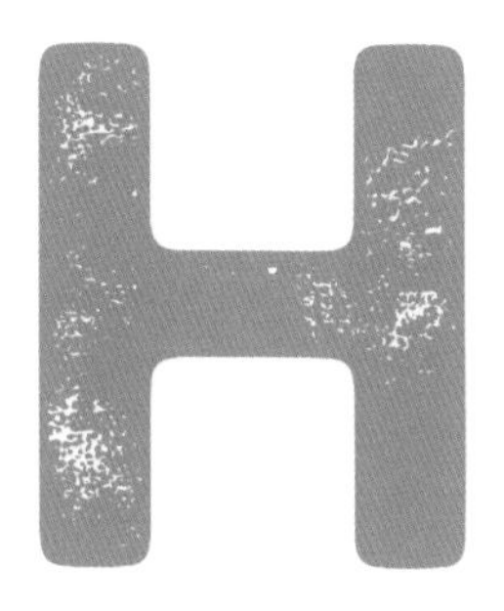

参见词汇
巴西 第 35 页

Hawaii | ORIGIN

夏威夷 | 产地

夏威夷科纳咖啡的名声在咖啡行业里一直是响当当的，但是，却很少在精品咖啡中见到它。夏威夷很少出现在世界咖啡生产地前列，这意味着与其他产区同类品质的咖啡相比，夏威夷咖啡的价格更高，因为它的人工和生产成本非常高。高昂的人工成本让夏威夷必须在引入自动化技术方面走在前列，甚至巴西著名的达特拉农场的农学家也曾前往夏威夷观察当地的作业，并获得新的见解。夏威夷的咖啡产区海拔较低，出品的咖啡口感圆润、顺滑，风味复杂。

参见词汇
浓缩咖啡 第 79 页
多锅炉 第 151 页

Heat exchanger | BREWING

热交换器 | 冲煮

浓缩咖啡机一般通过两种方式加热冲煮咖啡的水。一种是用某种元素加热厚重的金属锅炉（这种方式最先进的技术可将温度调节到一定的度数），另一种是使用热交换器。在热交换器里，热锅炉中间有一根细细的管子。需要加热时，水直接被抽取穿过细管子，出来的水就是热的，几乎是瞬时加热。

热交换器是一种聪明的设计，但也有一些潜在的问题。如果一小段时间没用，热交换器里的水就会过热。此外，热交换器还需要大量的热水作为热源——当热源的水温度下降，且机器被频繁使用时，就会导致冲煮咖啡的水加热不够。拉斯帕扎拉（La Spaziale），一个意大利浓缩咖啡机品牌，其专利技术巧妙地将热交换器的热源换成了蒸汽，因此可以提供更稳定的热源。

参见词汇
生豆 第 109 页

Honduras | ORIGIN

洪都拉斯 | 产地

在中美洲产区，洪都拉斯的咖啡种植开始得比较晚，但现在它已成为该区域最大的咖啡生产国。就我个人的经验来说，优质的洪都拉斯咖啡有非常明显且复杂的果香（通常是热带水果的味道）和明亮的酸度。生豆买家对洪都拉斯的咖啡豆都抱着谨慎的态度，因为虽然这个国家的条件很适合咖啡种植，但是收获的生豆却不一定烘干得透。道理很简单，这个国家的雨季太久，烘干做得不好。咖啡豆在刚收获的时候，品质非常好，但随着时间推移，风味变淡得很快。这个问题如今正引起极大关注，特别是现在，越来越多的精品咖啡产自这里。总的来说，洪都拉斯是个让人振奋的咖啡产地。

参见词汇
发酵 第 90 页
自然处理法 第 156 页
银皮 第 198 页
水洗处理法 第 235 页

Honey process | PROCESSING

蜜处理法 | 处理

首先，这个处理法并不会用到蜂蜜。这个名称是指在处理过程中，去掉果肉的新鲜咖啡豆上会留下黏滑的物质，也就是果胶。在处理与干燥

过程中，你可以选择保留果肉暴晒（也就是自然处理法），或者用水洗处理法，将果肉全部冲刷干净。蜜处理法则介于这两者之间，本质上其实跟半日晒处理法一样。蜜处理法源于中美洲，常见的有黑蜜处理、红蜜处理和黄蜜处理，还有比较少见的白蜜处理和金蜜处理。这些标识在不同咖啡产区所指代的东西会有点不一样，但是大体上，都是指留在咖啡豆表面的果胶比例，或是指果胶受热和受光照的量。受热受光的量，可以通过其进入咖啡豆的深度，或者咖啡果翻转的频率来控制，同时，这也影响着这些咖啡豆变干燥的速度，以及咖啡豆发酵的程度。黑蜜处理通常意味着咖啡豆保留的果胶更多，干燥时间更长，这种咖啡豆风味浓郁，口感更圆润，带甜感和柔和的酸度。黑、红、黄、金、白蜜处理，按照顺序对应所得的咖啡豆，果胶比例越来越少，干燥时间越来越短，或者对应的翻转频率越来越高，所得咖啡豆风味越来越明亮，口感越来越轻盈。白蜜处理法还挺有趣，咖啡樱桃果肉用水龙头水完全冲刷干净，几乎是“无果肉”的处理过程，甚至比水洗处理法还要干净。

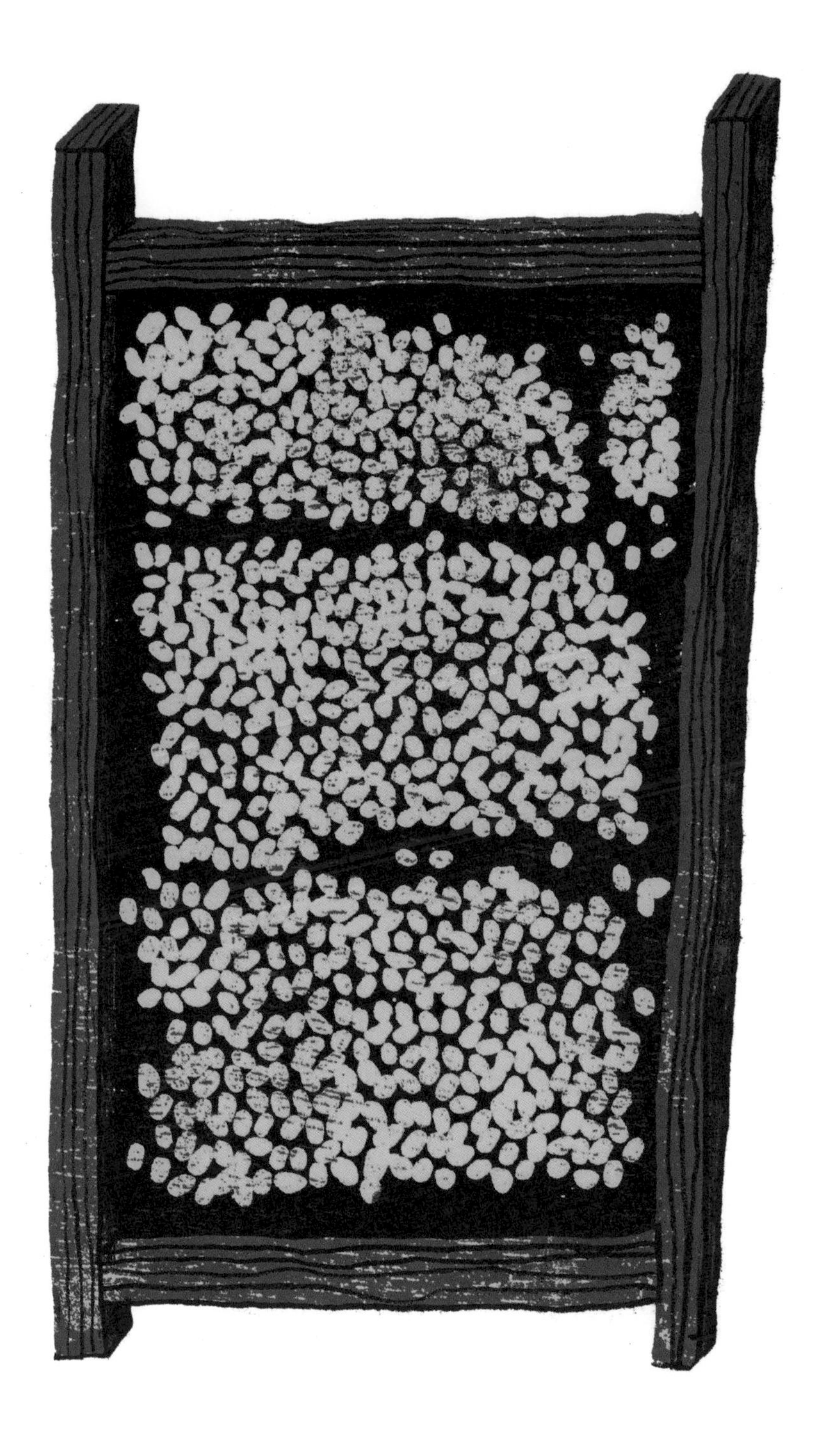

Ibrik coffee

长柄铜壶咖啡

参见词汇“土耳其咖啡 (Turkish coffee)”。

参见词汇
杯测 第 64 页
瑕疵 第 67 页

Importing | TRADING

进口 | 贸易

咖啡公司可以自行采购和进口咖啡，但是现在常见的方式还是通过专业的进出口公司作为中介进行。采购、运输和储存咖啡是一个庞大的工程。自行采购咖啡可成就一段美丽的故事，而且在过去精品咖啡市场还没流行，各项操作也没那么透明时，自行采购可以规避许多限制。相比之下，经营小型咖啡馆、注重咖啡品质的烘焙师则可以选择与进口商打交道，更有利得多。咖啡通过集装箱船，运输到全球各地，并通过各个仓库派送，意味着到达目的地的咖啡风味往往和你最初在产地杯测时尝到的大相径庭。如果你直接购买这些咖啡，就得承担这个风险。此外，进口商还可以钻研自己的供应链业务，专注于建立更好的关系网络。现在，精品咖啡进口商也觉察到人们对特色咖啡的需求，认识到特定咖啡风格和处理法的趋势，并对其做出反应。因此，进口商发起的项目和竞赛也越来越常见。当然，直接购买也有优点：首先是更容易保证咖啡的独特性，另外，显然你还可以节省一笔钱。

参见词汇
第三浪潮 第 218 页

Independent coffee shops | COFFEE CULTURE

独立咖啡馆 | 咖啡文化

“独立咖啡馆”这个词基本上涵盖了全球所有非连锁的咖啡馆，也就是大量风格各异、品质参差不齐的咖啡服务场所。而在咖啡的世界，它更是一种价值观的体现。“第三浪潮”和精品咖啡运动的根源就在独立咖啡馆，也正因如此，其中的关联性才说得通。但好多次我都发现这个词的使用有点让人恼火。事实上，许多独立咖啡馆并不专注于手工艺咖啡，而且许多独立咖啡公司也不仅仅是专注经营卓越的咖啡。想要准确界定一家咖啡公司什么时候开始脱离“独立咖啡公司”的身份是不容易的，但欣慰的是，我也确实发现了一些发展很快、很有野心且注重质量的公司，一直专注于生产和推广精品咖啡。

参见词汇
种 第 202 页

India | ORIGIN

印度 | 产地

印度在多个方面都很有名：多元的文化，丰富的历史，是一个现代化蓬勃发展的国家。并且，虽然印度主要以优质茶而闻名，它也有一定的咖啡产量。在精品咖啡领域，印度就产有多款优质的罗布斯塔咖啡。

印度产区的种植条件并不适合阿拉比卡咖啡，话虽如此，也有一些让人惊艳的批次，呈现

15
15

圆润、乳脂的口感，伴随怡人的香料风味。季风马拉巴咖啡就是来自喀拉拉邦西南沿海地区。在早期，咖啡装在木制箱中，通过航海船只运输。在季风季节，穿洋过海的咖啡生豆吸收了大量的水汽，大大降低了咖啡的酸度，并带有一点发霉的味道，口感会变得非常醇厚、圆润。随着人们对这种咖啡的偏好逐渐形成，且运输咖啡的方式也有了改进，人们开始用一种人工季风的处理方式来模拟这种风味。由于细微差别和酸度的丧失，最后冲泡出来的咖啡风味可能会千差万别。虽然如此，这种咖啡的市场需求还是持续存在的。

参见词汇
蜜处理法 第 118 页
麝香猫咖啡 第 136 页
爪哇老布朗 第 163 页

Indonesia | ORIGIN

印度尼西亚 | 产地

谈到这个产地的咖啡，最显著的特色就是泥土味和香料风味。这应该主要归因于当地独特的湿刨处理法，印尼语叫“Giling Basah”。这个处理法主要分两个阶段。将咖啡樱桃的果肉全部剥离，干燥处理，使含水率降到 30%~35%（如果是用于出口，则会降到 12% 甚至更低）。干燥阶段保留了完整的果胶，有点像蜜处理。然后在干透之前，将所有的果肉果皮剥离，包括“羊皮纸”。通常在这个阶段剥离“羊皮纸”偏早，而最终所得咖啡的口感会更醇厚，酸度更低。当然也有全水洗处理的印度尼西亚咖啡，酸度会更高。

虽然这一带的产地也有一些异域风情的咖啡故事，比如麝香猫咖啡和老布朗爪哇咖啡，但对我而言，该地区最上乘的咖啡应是水洗咖啡，富

含香气和香料风味。口感圆润的印度尼西亚咖啡通常用在浓缩咖啡拼配豆中，以获得口感更厚重而酸度较低的咖啡。周边许多种植地和岛屿也属于印度尼西亚产区中，包括苏门答腊岛、苏拉威西岛和爪哇岛。

参见词汇
萃取 第 86 页
冷冻 第 98 页

Instant coffee | COFFEE CULTURE

速溶咖啡 | 咖啡文化

速溶咖啡，也就是可快速溶于水的咖啡，用大白话来解释，就是“倒进热水里就行”。据说速溶咖啡首次出现在 18 世纪末的英格兰。而第一个速溶咖啡的专利，则属于新西兰因弗卡吉尔的戴维 · 斯特兰德 (David Strand)。速溶咖啡的制备方式获得了极大成功。虽然方式多种多样，但万变不离其宗，道理都一样：将咖啡冲煮好，然后烘干所有水分。得到的咖啡粉末，只要重新加水，即刻就是一杯咖啡。速溶咖啡有许多商业价值：首先保质期更长，其次等量的咖啡，若制成速溶咖啡，其运输重量会比咖啡豆或磨好的咖啡粉要低，此外，它的便利性和制作简易性也是显而易见的。然而，“速溶”这个词曾是廉价、低等级咖啡的代名词，虽也有咖啡因的提神功效，却没有品质可言。但这种观点或许会发生改变。2016 年，两届芬兰咖啡师大赛冠军卡勒 · 弗雷泽 (Kalle Freese) 创立了 Sudden Coffee 品牌——只选用高品质的精品咖啡，将其冲煮后制成速溶咖啡。这一过程所面临的挑战，是要保留咖啡的香气。我尝过卡勒的咖啡，说句公道话，速溶咖啡确实有呈现高品质咖啡的特色和风味的潜力。

参见词汇
C 市场 第 41 页
生产 第 180 页

International Coffee Organization | TRADING

国际咖啡组织 | 贸易

国际咖啡组织（ICO）的总部位于伦敦菲茨罗维亚区的伯纳斯街。国际咖啡组织成立于1963年，与联合国一起，致力于促进咖啡生产国和咖啡消费国之间的关系与合作。自20世纪60年代末至20世纪90年代初，在国际咖啡组织支持的国际协定下，形成了一个平衡的定价体系，可在市场动荡时稳定咖啡价格。这其中的原理是，如果咖啡的产量比市场上的需求要多，那么部分咖啡会被滞留，减少流动；当需求上升，则放出更多的咖啡。虽然现在的国际咖啡组织在稳定咖啡价格方面已经不像过去那样具有决定性作用，但是它还是个非常重要且有影响力的组织，如今专注于教育事业和为成员带来更多利益的研究。

参见词汇
浓缩咖啡 第 79 页
咖啡器具 第 105 页
研磨 第 109 页

Invention | TECHNOLOGY

发明 | 科技

一方面，制作一杯优质咖啡其实非常简单；另一方面，制作咖啡过程中涉及的无尽且复杂的变量，意味着整个过程亦可以变得高科技。例如，对于浓缩咖啡机里温度的控制，需要大量的研究才能开发出新的技术。所谓“独特”设计的专利，从方方面面都被注册过了。在全球的创意贸易展会中，当新的科技揭开幕布，竞争对手公司已经排起了长龙。有些发明毫无贡献，有些甚至还未面世，而有些发明却能够永远地改变咖啡产业。

参见词汇
咖啡师 第 23 页
浓缩咖啡 第 79 页

Italy | COFFEE CULTURE

意大利 | 咖啡文化

地中海国家意大利是浓缩咖啡的故乡，可以理直气壮地说，它比任何国家输出的咖啡文化都要多。许多广告营销公司都会用这个国家做引子，毫无疑问，它也的确是一个广义国际品牌的代名词。位于布雷西亚的国际咖啡品鉴者协会（IIAC）是专门鉴赏浓缩咖啡的组织，制定的标准细致到咖啡油脂的颜色和特定的风味。尽管如此，意大利各地的咖啡风格也是多种多样的，比如以罗布斯塔咖啡风味为主的那不勒斯咖啡，通常是短萃且温度较高的，不像意大利北部，更偏阿拉比卡咖啡风味，且以长萃为主。意大利的咖啡饮食文化可以说是很成熟的，但是意大利咖啡本身还是偏商品化，很少有精品咖啡。全球的浓缩咖啡机公司如雨后春笋般冒出来，意大利虽然不产顶级咖啡机器，但它是浓缩咖啡机生产的核心区域。

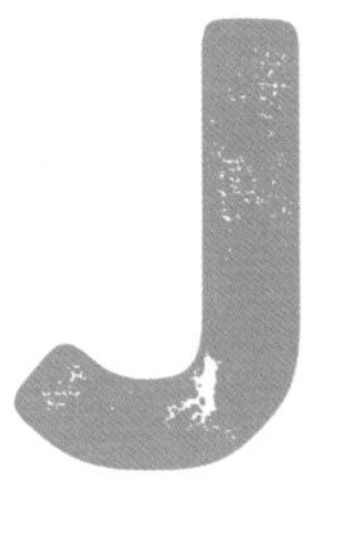

参见词汇
卓越杯 第 64 页

Jamaican Blue Mountain | ORIGIN

牙买加蓝山 | 产地

在过去，牙买加蓝山咖啡是昂贵、精制咖啡的代名词。最近，它因价格过高引起人们的注意，以实例证明了强大的营销能力比咖啡品质带来更多价值。随着以优质标准处理的咖啡越来越稀少，牙买加咖啡逐渐赢回了名声，但现在当然也无法与最优质的咖啡相提并论了。

参见词汇
冷萃 第 59 页
卓越杯 第 64 页
生豆 第 109 页

Japan | COFFEE CULTURE

日本 | 咖啡文化

日本是咖啡消费大国。实际上，日本是世界上最大的咖啡进口国之一，且乐于接纳多元的咖啡产品和咖啡文化。在很久之前，日本就有咖啡馆了，由传统的日本茶室演变而来。二战后，咖啡突然在日本风靡起来，现在的贩卖机里有各式各样的冷热咖啡出售。（世界各地现在流行的冷萃咖啡，日本其实很早就有了。）卓越、稀有且细致冲煮的咖啡在日本也是源远流长。在国际市场的生豆买卖和采购中，最优质的咖啡总是被日本买家以最高的价钱买下，这已经是司空见惯的事情了。

K

Kaldi | COFFEE LEGEND

卡尔迪 | 咖啡传说

谁第一个发现了咖啡？这是个无解的问题。倒是有个很好的民间故事，描述了可能的咖啡来源。故事说的是 9 世纪，有一位叫卡尔迪（Kaldi）的埃塞俄比亚牧羊人，当他在埃塞俄比亚西南部的森林里牧羊时，发现自己的羊会跳舞。卡尔迪观察到羊吃了附近灌木丛中的鲜红色果实，于是他也尝了一颗，随后变得很亢奋，开始跟他的羊一同起舞。卡尔迪将这个果实的种子带到附近的修道院。一个僧侣不许他们食用，并将种子扔到了火里。种子被烘烤后发出诱人的香味，于是他们又把种子从火里拿出来，磨成粉，再溶解在水中，因此就有了世界上第一杯咖啡。

参见词汇
圆豆 第 175 页
变种 第 228 页

Kenya | ORIGIN

肯尼亚 | 产地

如果你想展示一杯果香浓郁的美味咖啡，选择风味复杂的肯尼亚咖啡再好不过了。这个国家产的某些咖啡带有令人惊艳的浆果风味，层次感丰富的酸度和香醇、圆润的口感。我很喜欢肯尼亚的优质咖啡。肯尼亚是个蛮成熟的咖啡生产国，有自己的拍卖系统，有助于高品质的咖啡获益。肯尼亚咖啡通常以咖啡豆大小评级，虽然AA等级的大个咖啡豆和品质确实有联系，但不是绝对的，AB等级的咖啡（会混有经过筛选的小咖啡豆）也可以评分很高。

在肯尼亚，将圆豆筛选后分开销售也是很流行的。肯尼亚精品咖啡有两个经常被提及的重点，一个是SL-28和SL-34咖啡豆，另一个就是涅里区。SL是史考特实验室（Scott Laboratories）的首字母缩略，也就是研发这两款咖啡豆的实验室。这两款咖啡现在是肯尼亚最主要的高品质咖啡，除了少量他国也栽种，基本上算是肯尼亚特有的咖啡了。涅里位于肯尼亚中部，就在肯尼亚山周围，这个产区为肯尼亚提供了许多很有价值的咖啡批次。除此之外，其他产区也产有各种优质咖啡。

参见词汇
牙买加蓝山 第133页
夏威夷 第117页

Kopi Luwak | PROCESSING; ANIMAL RIGHTS

麝香猫咖啡 | 处理；动物权利

“你有没有尝过一种咖啡……就是，呃……从一个动物的身体里‘穿过去’的？”世界上最昂贵的咖啡都是在Kopi Luwak这个标签之下，翻译过来就是“麝香猫咖啡”（也称猫屎咖啡）。体型娇小的麝香猫在丛林里穿梭时，只会选择最好的咖啡果实（熟透的果实）吃下，然后咖啡豆会在猫的消化系统里经历一次特殊的处理。最终所得的咖啡豆非常奇异且罕见，很受欢迎，也就成就了一个营销故事。然而，现实却远没有那么美好，动物福祉令人担忧。有人会因此圈养麝香猫，逼迫它们吃下低品质的咖啡。更糟糕的是，在咖啡盲测中，麝香猫咖啡的得分从来都不是很高。可见，一个好故事真的有很强大的力量。

参见词汇
澳白 第 94 页
感官科学 第 197 页

Latte art | COFFEE CULTURE; PREPARATION

拉花艺术 | 咖啡文化；咖啡准备

现做的澳白表面会有不同的装饰图案，如今在各类咖啡饮品中已非常常见。咖啡冲泡完毕后，加上这锦上添花的一步，对喝咖啡的人来说是种信号，意味着咖啡师十分专业，并且对咖啡制作过程很负责。我曾与牛津大学的实验心理学家查尔斯·斯潘瑟（Charles Spence）做过一项研究，发现顾客会愿意花更多的价钱购买一杯带有拉花的咖啡，他们并不一定觉得咖啡的品质更好，但是会认可这杯咖啡的准备中投入了更多精力和技艺。这也侧面反映了人们的一种错觉：一杯漂亮的咖啡就是一杯好咖啡。外观确实可以展示精心制作的奶泡，但是却很难看出咖啡品质。拉花艺术很难精通，有些技艺精湛的咖啡师却只须往咖啡里倾倒奶泡，就能得到一杯非常出众的拉花咖啡，令人叹为观止。世界咖啡拉花艺术大赛（World Latte Art Championship）永远不缺观众。拉花艺术有两种技法，一种是拉花，一种是雕花。拉花是将打好的奶泡直接倒入浓缩咖啡中，在不使用任何其他工具的情况下，最终形成图案。这种方式要注意时机、技巧、方位以及奶泡质量。雕花是用一个像牙签一样的工具，在奶泡的表面刻画出图案。这两种工艺相结合，可以制出绝妙的拉花图案。

参见词汇
瑕疵 第 67 页
嗅觉 第 163 页
Q 质量分级品鉴师 第 183 页

Le Nez du Café® | AROMA

"咖啡鼻子"闻香瓶 | 香味

这些美丽的小瓶子里装着液体香味溶液，虽然价格有点贵，但却是聚会助兴的理想选择。咖啡鼻子一共有 36 个闻香瓶，每个瓶子对应一种最常见的咖啡风味，包括好的和不好的（不好的风味是瑕疵造成的）。每个瓶子都有编号，嗅闻之后，你可以猜猜它是什么风味，然后在附加的手册中查看解析。通过不停调动你的嗅觉系统，你会对这些味道越来越熟悉。在朋友聚会中，咖啡鼻子会是一个非常棒的游戏，而且看到人们在没有视觉和感觉的辅助下，对同一个味道有各式各样的解析，是个非常有启发的过程。这套咖啡鼻子是 Q 质量分级品鉴师评定过程中不可或缺的部分。此外，创造咖啡鼻子的这家公司在葡萄酒和威士忌行业也有类似的风味瓶。

参见词汇
卡斯提优 第 51 页
气候变化 第 56 页
危地马拉 第 113 页

Leaf rust | GROWING; DISEASE

叶锈病 | 种植；疾病

叶锈病（CLR）起源于东非，是一种真菌，在全球范围内的咖啡种植产区都曾有过灾难性的影响。叶锈病第一次展示它的威力，是在 19 世纪末，锡兰（今名斯里兰卡）的咖啡因此减产了 80%。在此之前，锡兰曾是世界上第三大咖啡生产国。美洲在很长一段时间都没有受到叶锈病的影响，因为隔离措施做得好，但巴西在 20 世纪

70 年代曾发现过叶锈病。没人知道叶锈病具体抵达美洲的方式，因为这种像灰尘一样的孢子，可以轻易通过行李、人和植物传播。

对抗叶锈病的方式有很多种，可以通过农场管理、隔离，或使用杀真菌剂。没有哪种对抗方式是万无一失的，而培育抗叶锈病品种是最切实可行的方法。

参见词汇
浓缩咖啡 第 79 页
意大利 第 131 页

Lever machine | EQUIPMENT; ESPRESSO

拉杆式咖啡机 | 设备；浓缩咖啡

浓缩咖啡（espresso）的原理就是通过压力来冲泡咖啡,espresso 这个词本身就是“压出”的意思，并没有“特快（express）”或“快速(quick)”的意思，虽然浓缩咖啡的制作过程确实很快。世界上首台浓缩咖啡机是在 19 世纪末发明的，主要通过蒸汽制造压力。1945 年，意大利人乔瓦尼·阿希尔·加贾（Giovanni Achille Gaggia，1895—1961）发明并生产了拉杆式咖啡机。这种机器不需要蒸汽提供压力，也就不需要很热的水。使用者通过拉杆来提供所有压力，或者通过弹簧拉杆来多次不断提供压力，也就是这个动作才有了“拉一杯浓缩咖啡（to pull a shot）”这样的说法。拉杆式咖啡机也很大程度决定了现代浓缩咖啡的杯量大小，因为当时的机器内部只能放得下一定量的水。在这之后，出现了泵式咖啡机，也是现在市场上主流的咖啡机。拉杆式咖啡机在手工艺咖啡运动中出现了一次复兴，因为它是更“投入”、更体现手工艺感的机器。现代可编程的泵式咖啡机也能够模拟经典拉杆式咖啡机的压力变化。

参见词汇
君士坦丁堡 第 60 页
第三空间 第 217 页

Lloyd's of London | HISTORY

伦敦劳埃德保险社 | 历史

咖啡馆的出现和社会、经济和文化变化有非常紧密的联系。在 16 世纪到 17 世纪间的欧洲，咖啡馆和当时流行的酒馆形成了鲜明的对比。

咖啡的本质——会让人亢奋但不会醉——意味着咖啡馆是个能够引发更多讨论和话题探索的好地方，而且许多历史学家将这种生机勃勃的咖啡现象与 18 世纪的欧洲启蒙运动联系起来。此外，咖啡馆除了是人们讨论学术和闲聊八卦的地方，也是商务沟通、应酬的场所。伦敦塔街的劳埃德咖啡屋成立于 1688 年，这家店的常客是水手、商家和船主，他们在这里交换信息，获取最可靠的船运新闻。因此，这个咖啡屋很快被认为是获得航运保险的理想之地，于是伦敦的劳埃德保险社应运而生，至今仍在英国资本市场运营。

参见词汇
发展 第 71 页
鼓式烘焙机 第 72 页
一爆 第 93 页
生豆 第 109 页

Maillard reaction | ROASTING

美拉德反应 | 烘焙

未烘焙的生豆并没有丰富的味道，尝起来像草和麦片。它是一种有风味释放潜力的、未完善的原料，而烘焙过程中一系列复杂的化学反应可以解锁这些潜力。咖啡主要风味的形成过程与其他食物和饮品一样，也是美拉德反应。这个过程无法预测，一般会涉及咖啡内部的氨基酸和富氧化合物（比如糖分）。烘焙过程中不同的温度会产生不同的化合物化学反应——大部分快速反应发生在 140℃至 165℃之间——且会产生许多味道丰富的副产品。当然，烘焙时还会产生其他化学反应，而这些反应如何发生、如何影响风味，取决于烘焙方式。比如糖分会焦化，如果烘焙时间过长，就会有一股煳味。

参见词汇
鼓式烘焙机 第 72 页
高架床 第 186 页

Mechanical drying | PROCESSING

机械烘干 | 处理

干燥机有点像烘焙机：有个很大的、旋转的鼓形容器，然后对其进行加热。但是所用的温度却低得多，所以可能将它比作滚筒式洗衣机更恰当。在过去，大部分咖啡豆的干燥方式都是露天的，依赖日晒，放在大的水泥露台上或者高架床上。

干燥机通常用于雨季较多、日晒不够的国家，或者是用于加快处理过程。机械烘干的豆子通常被视为低等豆子，这也不是毫无道理，因为干燥机通常会过热，就会有降低咖啡豆质量的风险。然而，也有人反驳说，如果使用得当，干燥机将会是最可控且可保证咖啡豆质量的干燥技术。还有人相信将咖啡豆在凉夜里“静置”几晚，也有利于干燥过程。这项研究到目前为止还没有定论。

参见词汇
咖啡师 第 23 页

Melbourne | COFFEE CULTUR

墨尔本 | 咖啡文化

如果你读了这本书的前言，就会发现墨尔本其实是我咖啡之旅的开始。客观地说，这个城市在近几年影响了许多人的咖啡旅程，也激发了许多人的热情。墨尔本以及澳大利亚其他地区欣欣向荣的咖啡馆事业，是多姿多彩、极具特色且一流的。除了美味多样的早午餐搭配，咖啡文化所体现的关怀与价值才是最引人注意的，也因此让人们把目光聚焦在咖啡师身上。据报道，当地繁荣的咖啡行业使得墨尔本成为全球咖啡师薪水最好的城市。在过去十年间，澳大利亚人这种对待咖啡馆和咖啡的方式走出了这个国家。现在全球各地都有着令人振奋和具有影响力的咖啡场景，而墨尔本仍然独具一格。

参见词汇
危地马拉 第 113 页
美利坚合众国 第 223 页

Mexico | ORIGIN

墨西哥 | 产地

因为毗邻美国，所以大部分的墨西哥咖啡都

售卖给了北方的这位邻居，因此，在世界上的其他地方，墨西哥咖啡并不常见。

墨西哥产出了一系列让人印象深刻、品质优良的风味咖啡，从清爽、花香到成熟、太妃奶糖般的圆润口感，各种风味都有。墨西哥是世界上主要咖啡生产国之一，且主要以阿拉比卡种为主。即便如此，墨西哥的咖啡产量（和品质）还是有所下降的，它的鼎盛时期是在1989年《国际咖啡协定》瓦解导致的咖啡危机之前。墨西哥品质最高的咖啡作物来自南部沿海地区，与危地马拉接壤。

Moka pot | BREWING

摩卡壶 | 冲煮

这个可直接放在炉灶上烹煮的设备已经存在了八十余年，与浓缩咖啡一样，它也是源自于意大利。1933年，阿方索·比乐蒂（Alfonso Bialetti，1888—1970）收购了路易吉·德·蓬蒂（Luigi De Ponti）的这款设计，而比乐蒂工业（Bialetti Industrie）还有一款很类似的产品，叫经典八角壶（Moka Express）。摩卡壶之所以如此受欢迎，是因为它能够在家用炉灶上冲煮出像浓缩咖啡一样的饮品。摩卡壶的设计是通过烧开下壶的水，产生蒸汽，从而让容器内部聚集压力。当蒸汽达到临界点，推动水往上涌，穿透上壶铺好的咖啡粉，产出浓郁、新鲜的咖啡。不同设计的摩卡壶，若想要水能够涌到上壶中，所需要的热量和压力不一样，而对于摩卡壶最常见的抱怨就是，咖啡有煳味。事实就是水太热，咖啡粉被过度萃取了。一个简单的秘诀是在下壶只装

少量的水；这样产生水蒸气更快，水往上涌得也更快，而水温还不会太高。

参见词汇
白利度 第 38 页
萨尔瓦多 第 77 页
蜜处理法 第 118 页
自然处理法 第 156 页

Mucilage | ORIGIN

果胶 | 来源

果胶是咖啡樱桃果肉的一部分，黏在咖啡豆外围的“羊皮纸”上。果胶层的重要性体现在多个方面。咖啡樱桃还在果树上生长时，果实的成熟度就是通过测量果胶内部的糖分来判断。从咖啡果树上摘下一颗成熟的果实，品尝一下，总是会被它的甜味惊喜到。我最喜爱的一次经历是在萨尔瓦多的比利牛斯庄园，漫步在咖啡果树林里，和同行的人一起，品尝了许多当地著名咖啡品种的成熟果实。果胶风味的差异让人诧异。在各式各样的处理法中，我们最感兴趣的还是果胶层的作用、它的干燥方式以及它如何影响咖啡豆的风味。

参见词汇
热交换器 第 117 页

Multi boiler | ESPRESSO

多锅炉 | 浓缩咖啡

选择浓缩咖啡机时，你可能会看到市面上咖啡机的技术规格或者咖啡机卖点上标着“双锅炉”或“多锅炉”。在过去，咖啡机里只有一个大的锅炉，用于处理所有过程。它可用于加热热交换器的水，为水栓提供热水，且产生的蒸汽可用于打奶泡。想要整个过程高效，需要一个很大的锅炉才能同时完成所有事情且不相互阻碍。多锅炉的原理就是为了分开这些工作。这种设计由双锅炉开始：一个用于冲煮浓缩咖啡，另一个用于产蒸汽和产热水，现在已经发展得飞快。机器上的两个组头不仅有对应的锅炉，还有对应的预热锅炉。多锅炉的设计让机器可以在任意时刻储存并产生不同温度的水，而且对温度的把控更统一，更精准。

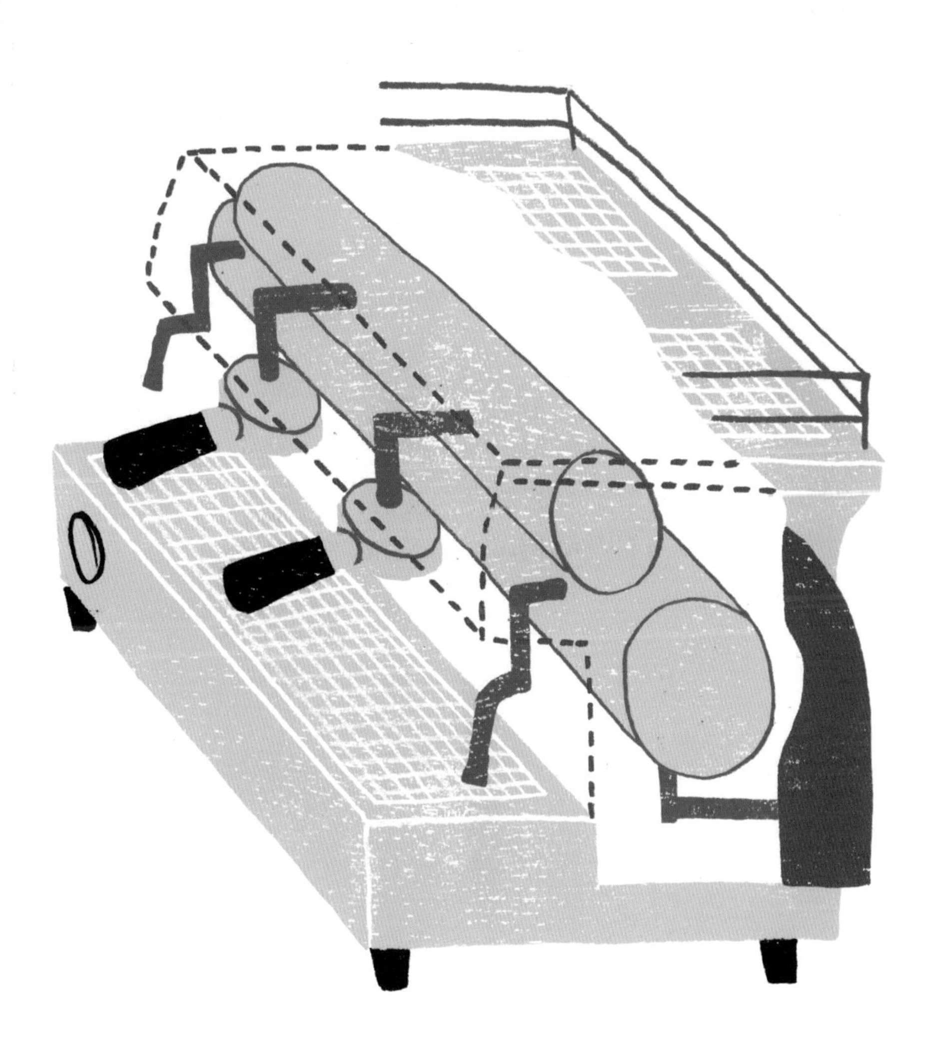

参见词汇
粉碗 第23页
通道效应 第52页
浓缩咖啡 第79页
过滤手柄 第176页

Naked shot | BREWING

无底手柄 | 冲煮

无底手柄曾在某个时间段极其受欢迎，现在逐渐沉寂了下来。这个词指的是底部被移走的手柄，使用它时，咖啡液直接从粉碗的底部流到杯子里。通过无底手柄，可以看到浓缩咖啡倾泻而下的一幕：原本涓涓细流的暗黑色液体逐渐变为长长的、流淌着的浓郁咖啡。整个过程中，咖啡从棕色变成红色，然后变成浓浓的焦糖色；完成萃取前，咖啡液逐渐朝中间聚拢成一束，流速越来越快，颜色也开始变浅。虽然可能会有一些凌乱，但整个过程真的很漂亮。除了过程美观，用无底手柄冲泡咖啡也有一定益处。首先它可以让你看到水流过咖啡的美妙过程，同时它也能让你观察到通道效应。标准过滤手柄的出液管中，可能会因为长期使用而堆积咖啡残渣，从而给咖啡带来不好的风味，所以如果没有这些管道，就能避免这个情况；当然勤快地清洗管道也行。还有一种观点是，无底手柄可以让所有咖啡都流入杯中，包括有用的残渣，而不是滞留在管道里。我个人不觉得这个问题会对咖啡质量有大的影响。

有测试显示，若咖啡通过两个管道流出，分两次萃取，很难产出味道均衡的浓缩咖啡，而如果是通过无底手柄或者一次性冲泡两份浓缩的量，口味会更统一。

Natural process | PROCESSING

自然处理法 | 处理

参见词汇
发酵 第 90 页
蜜处理法 第 118 页
银皮 第 198 页

自然处理法（也叫干式咖啡处理）是最原始、最直接的处理方式。咖啡樱桃采摘好后，连皮带果肉包着最里面的咖啡豆，直接放在太阳底下晒。咖啡樱桃果肉和咖啡豆一起晒，在干燥的最后阶段再将两者分离。这是和水洗处理法最显著的不同之处，在水洗法中，咖啡樱桃果肉和咖啡豆待在一起的时间非常短。新鲜咖啡樱桃干燥的过程很长，而且很耗人力，因为要持续不断地耙动或翻转咖啡樱桃，防止果实发霉和过度发酵，导致最后风味不佳。确切的干燥时间和温度与最终的咖啡品质联系非常紧密；自然处理法的咖啡有个普遍的问题就是干燥时间太长，这些咖啡可能会有腐烂或“恶臭”的风味特征。弗拉维奥·波莱姆（Flavio Borém）的创举是研究咖啡干燥过程中的水分活动，结果显示不正确的干燥过程会破坏咖啡豆的细胞壁，也就意味着这些咖啡豆会老化得很快，风味也会消散得很快。人们普遍认为咖啡豆的水果风味是“延续”了咖啡樱桃的味道，虽然有这样那样的理论，但是为什么自然处理的咖啡中带有葡萄酒风味、圆润口感的水果风味，目前还不清楚。与其他处理法相比，自然处理法中所使用的水非常少，所以它也是最环保的一种处理法。同时，也意味着它最适用于

水资源短缺的地区。

对于烘焙师和咖啡买家而言，完全“不自然”的处理法并不是一件稀奇的事情。就我个人而言，有些自然处理得“不好”的咖啡，确实会有泥土、木味或酸涩味，但也有某些自然处理得“很好”的美味咖啡，风味复杂，让人兴奋。自然处理法其实和蜜处理法、半日晒处理法非常相近，现今有非常多具有实验精神的农场主正尝试用不同的自然风格处理法来改变或者提升咖啡的风味。

参见词汇
卓越杯 第 64 页

Nicaragua | ORIGIN

尼加拉瓜 | 产地

对于尼加拉瓜来说，过去这一世纪（20 世纪）是动荡不安的，而当地的咖啡种植业在这段历程中亦如此，不可避免地被卷入到不同的政治和经济事件。庆幸的是，如今可追溯的高品质尼加拉瓜咖啡不断涌现出来。许多咖啡品种在尼加拉瓜产区都种植得非常好，既有浓郁、饱满口感的咖啡，也有水果、复杂风味的果汁感咖啡。卓越杯在尼加拉瓜举办得很成功，其中北部的新赛哥维亚产区提供了许多优质咖啡。

参见词汇
Fika 文化 第 90 页
世界咖啡师大赛 第 239 页

Nordic | COFFEE CULTURE

北欧 | 咖啡文化

北欧国家通常都排在人均咖啡消费榜单的前列，芬兰第一，瑞典紧追其后。这些国家不仅消费着大量的咖啡，而且对咖啡的产地和风味也非常看重这些国家注重咖啡的品质，就像他们对待佳肴的态度一样。

2000年，世界咖啡师大赛开启后，在头几年，北欧国家总是蝉联榜单之上，而所有其他国家都在试图迎头赶上。许多有影响力的咖啡公司和咖啡师都星星点点地分布在斯堪的纳维亚和芬兰附近。在瑞典，有日常仪式般存在的Fika文化，而在整个北欧地区，最好的餐厅都会引入最优质的咖啡，比如开拓先锋的哥本哈根诺玛餐厅，就引入了2004年世界咖啡师大赛冠军蒂姆·温德尔伯（Tim Wendelboe）的作品。

参见词汇
咖啡师 第23页
萃取 第86页
压粉 第213页

Nutate | ESPRESSO

旋转填压 | 浓缩咖啡

旋转填压是咖啡世界里比较现代的词汇。这个词是由2012年世界咖啡冲煮大赛冠军马特·佩吉（Matt Perger）带火的，它是一种压粉技巧。正常情况下，咖啡师在压粉的时候，都会尽量平放粉锤，然后一次性慢慢往下压，直到压紧咖啡粉。而旋转填压这个技巧的物理原理有点像踩雪地。如果你穿的是传统的雪地靴（像网球拍一样），你的体重，也就是对雪的压力被分散了，因此不会把雪压得很紧。再将此和穿着高跟鞋踩雪地相比，压力将全在鞋跟上。旋转填压的施力点更集中，从而粉层压得更实。在压粉的过程中，咖啡师通过旋转粉锤的动作方式夯实粉层，先用粉锤的边压紧粉层边缘，然后滚动一圈把剩下的粉压紧，最后平放粉锤再压一次。虽然这是个潜在的成功压粉方法，但是它也有按压不均匀或不一致的风险，从而影响咖啡萃取的均衡性。

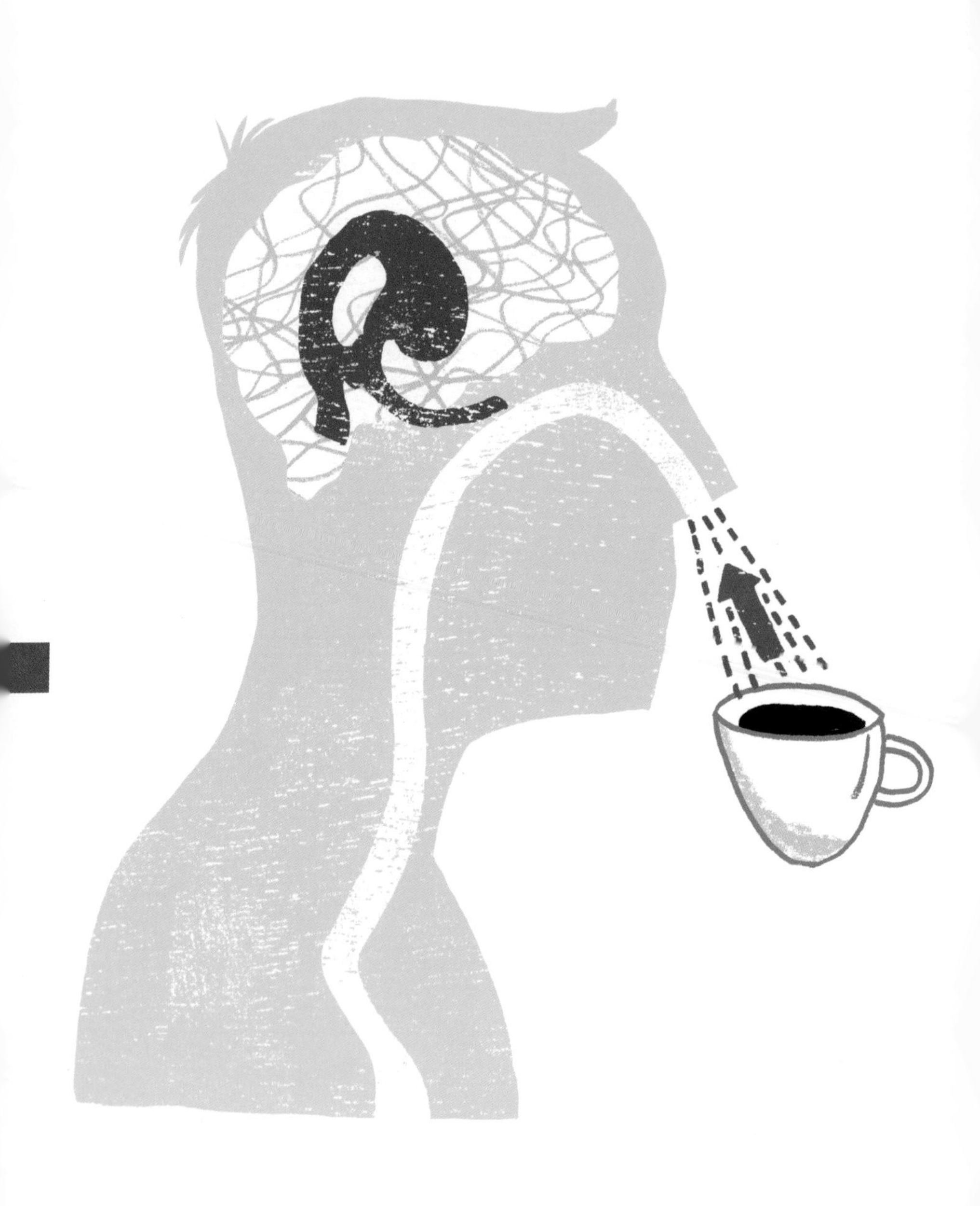

参见词汇
生豆 第 109 页
印度 第 124 页
印度尼西亚 第 126 页
旧豆 第 172 页

Old Brown Java | AGED COFFEE

爪哇老布朗 | 陈年咖啡豆

生豆的新鲜度对于我们理解咖啡品质越来越重要。我们所看重的许多属性，比如干净度、酸度、活泼度和甜度等，都只会出现在新鲜采摘的咖啡豆上，几个月之后，这些风味就会消散。随着时间的流逝，咖啡就会出现木头味，味道变得平淡。爪哇老布朗有点像季风马拉巴咖啡，打破了咖啡的储存规律，通常会特意放置 5 年以上，豆子从蓝绿色变成棕色。这些咖啡豆呈现的风味是辛辣味、木头味，且几乎没有酸味。这种咖啡豆还是持续有市场的。

参见词汇
风味标识 第 97 页
味觉 第 113 页
感官科学 第 197 页

Olfactory | FLAVOUR

嗅觉 | 风味

当我们吃喝的时候，我们的嘴巴和鼻子是共同运作的，一起体验食物的味道和香味。你只需要在吃东西的时候，捏住鼻子不吸气，就能感受到许多该有的味道都消失了。其实，我们的鼻子才是感知风味的主要器官，鼻子的感知系统叫作嗅觉系统。嘴巴的感知系统叫作味觉系统，主要用于感受甜味、酸味、咸味等不同的口味，以及干涩等食物的质感。

其他感觉，比如视觉和声音，也是我们品尝体验的一部分，但经常会被忽略。嗅觉系统，毫无疑问是品尝体验中的王者。嗅觉系统的敏感度因人而异，而我们的嗅觉，也就是品味的能力，会受到许多因素影响，包括基因、年龄或疾病。这就是不同的人品尝同一杯饮品，却有不同的感知的原因。人类的嗅觉能力其实是相对退化的，不像其他哺乳动物，比如狗，有超强的嗅觉，敏感度是人类嗅觉的 300 多倍。我经常在闻到某些特色咖啡的浓郁香味时想：如果我的鼻子和我的狗卢卡一样就好了。

Oliver table

奥利弗床

参见词汇“Density table（密度筛选床）”。

参见词汇
生豆 第 109 页
静置 第 189 页

One-way valve | PACKAGING

单向排气阀 | 包装

当你享用自己最喜欢的咖啡豆时，会发现它可能有多种多样的容器，不同的包装材料，且每一种包装都带有不同的储存属性。烘焙之后，咖啡豆就会开始变化，接触了氧气，就会不断释放二氧化碳，逐渐变成陈年豆。大多数咖啡豆的包装都会有单向排气阀，可以释放包装内的二氧化碳，同时阻隔氧气进入；除此之外就是顶部折叠的纸袋包装。纸袋包装很简单，且有一定美观度，但与配有单向排气阀的包装袋相比，里面的咖啡豆老化得更快。当然，排气阀的设计应与包装袋融为一体，且包装袋本身应具有氧气隔层

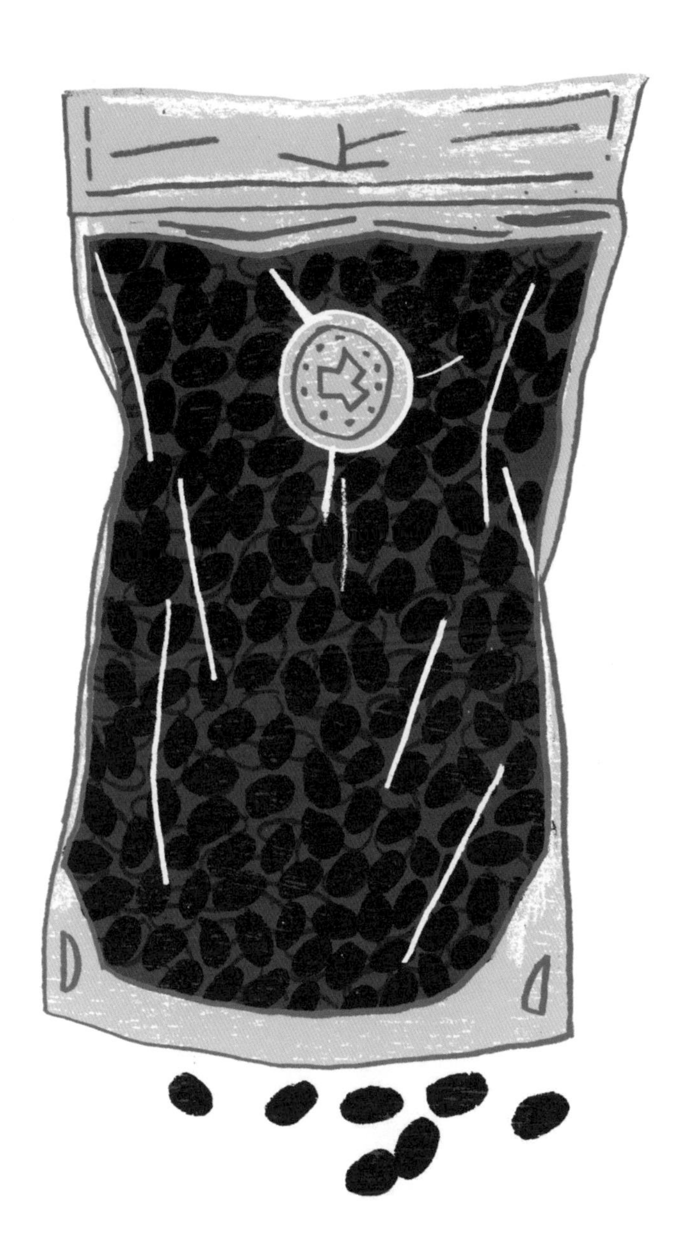

（通常是箔纸内衬）。现在也有植物纤维的内衬层了。

这些包装袋也可填充氮气以减少氧气残留。填充氮气的包装，特别是锡罐，可以大幅度增加咖啡豆的保存期和保鲜期。这样的包装是很诱人的，因为我们可以有更多时间享用新鲜优质的生豆和熟豆。

参见词汇
混合 第 27 页
浓缩咖啡 第 79 页
第三浪潮 第 218 页

Origin | PROVENANCE

产地 | 起源

产地是咖啡行业里很常用的一个术语。我觉得有必要指出这个词存在的模糊性。本质上，“产地”这个词是很直观的，它指的就是咖啡豆的出产地区，表示“它来自哪里”。在过去，特别是传统的意大利浓缩咖啡，用的是来自不同国家的混合咖啡豆。大多数情况下，咖啡豆的确切来源一直是咖啡制作者的秘密。相反，精品咖啡和咖啡的“第三浪潮”运动却很重视咖啡的可溯源性和来源，希望通过寻求咖啡的源头，将咖啡风味和咖啡“故事”联系起来。“单一产地”这个术语的使用非常广泛，且在咖啡零售行业中的应用更为常见。这个词暗示着咖啡品质，并能够引起消费者的好奇心，从而进一步探索咖啡的风味。严格来说，来自同一个国家的咖啡就是一个产地的咖啡，至少是来自一个国家。然而，这些咖啡有可能来自许多不同的农场，且包含不同的品种。现在，许多精品咖啡烘焙师几乎都是独家单一产地供应，而这里的单一产地，越来越趋向于指代来自一家特定农场的一个特定咖啡品种。

参见词汇

静置 第 189 页

Oxidation | STORAGE

氧化 | 储存

氧气是很有用的东西。然而对于食品来说，它却是缩短保质期的罪魁祸首。咖啡老化有两种方式：一个是失去香味，另一个是氧化。氧化的过程就是氧气接触物质后，带走了物质的电子：比如水果氧化后变成棕色，就是个明显的例子。其他因素对于咖啡老化也有影响，比如热量和光，而氧气是最大的幕后黑手。如果一个咖啡容器中的氧气可以保持在小于 1%，那么咖啡豆的新鲜度可以大幅度延长。铝制包装具有极佳的阻隔氧气作用，可以最大限度地为咖啡保鲜。使用填充了氮气的密封包装，咖啡的保鲜期可达约 1 个月至数个月，甚至数年。虽然咖啡烘焙时的新鲜度可客观测量，但是咖啡的最佳状态——也就是咖啡风味特征的巅峰状态——却比较主观，且因人而异。

参见词汇
波本 第 35 页
萨尔瓦多 第 77 页
变种 第 228 页

Pacamara | VARIETY

帕卡马拉 | 变种

帕卡马拉咖啡是帕卡斯种和巨型象豆种的杂交品种，咖啡豆都比较大颗，且越来越受消费者欢迎。帕卡斯咖啡本身就是波本咖啡的一个变种，源自于萨尔瓦多，以当地一个历史悠久的咖啡种植家族名字命名。帕卡马拉也源自萨尔瓦多，杯测品质很高，因此在其他产区也有成功种植。帕卡马拉不仅咖啡豆个头大，它的独特风味也让人赞叹不已。在帕卡马拉咖啡中，我经常会品尝到花香和啤酒花香，并伴有相当分量的巧克力和红色水果风味。

参见词汇
波本 第 35 页
卓越杯 第 64 页
瑰夏 第 105 页

Panama | ORIGIN

巴拿马 | 产地

巴拿马的国际声誉本质上与瑰夏咖啡的名誉和成功息息相关。巴拿马可以说是顶级咖啡生产国的最佳范例。当地的农场会定期将自己的咖啡作物分为不同的批次，让人关注到这个农场咖啡豆的风味变化。也就是说，你可以品尝到来自同一块地的同一个品种经过不同方法处理后的风味。而且，农场通常会创造一个强大的品牌和身

份来将自己的产品销往国际市场。

巴拿马的翡翠庄园因是瑰夏咖啡流行的开端而闻名，也贡献了“最佳巴拿马”咖啡大赛中评分最高、价格最高的咖啡品种。翡翠庄园在此项赛事中赢得了很多次荣誉。此外，博克特和巴鲁火山产区也都因产有优质咖啡而闻名。当然，不只是瑰夏咖啡，其他咖啡品种在巴拿马也很成功，比如卡杜拉咖啡和波本咖啡。

Paper

滤纸

参见词汇“凯梅克斯美式滤泡壶(Chemex™)”。

Papua New Guinea | ORIGIN

巴布亚新几内亚 | 产地

巴布亚新几内亚咖啡在进口商以及精品咖啡烘焙坊的清单上出现的频率越来越高。几乎所有的巴布亚新几内亚咖啡都来自小农场。小农场的潜在问题（也是最明显的问题：缺乏足够的人力物力来好好处理咖啡）可以通过合作社来解决，即将所有的生产商聚集到一起，集中资源，同时触达更大的市场份额。巴布亚新几内亚是“非常有潜力”的咖啡产地：当地的一些公司正积极专注于提高咖啡品质，而另一些也时刻紧盯着咖啡源头。通常，巴布亚新几内亚咖啡会被归为印度尼西亚产地，但它的咖啡风味非常独特。优质的巴布亚新几内亚咖啡是干净、明亮的，伴有复杂的水果风味和乳脂口感。

参考词汇
机械烘干 第 145 页
高架床 第 186 页

Parabolic | DRYING

抛物面干燥 | 干燥

咖啡豆采摘后，可以在多种多样的环境下进行干燥。

抛物面干燥法发生在一个像温室或塑料大棚一样的环境中。与所有其他干燥和处理技巧一样，它也是一种多维度的复合型处理方式——即最终结果受多种因素影响。抛物面干燥法，就像机械烘干法一样，流行于降雨不稳定的国家。塑料大棚可以营造一个更可控的干燥环境。

参见词汇
冷冻 第 98 页
新豆 第 103 页
生豆 第 109 页
印度 第 124 页
爪哇老布朗 第 163 页
静置 第 189 页

Past crop | OLD COFFEE

旧豆 | 陈年咖啡豆

人们普遍认为新豆品尝起来味道更佳，但是什么时候咖啡豆变成“旧豆”却没有具体的定义，而且将新鲜豆子刻意做旧的市场也是存在的——季风咖啡豆和爪哇老布朗就是最好的例子。有趣的是，新鲜采摘的咖啡豆尝起来会有一点青草味道，带有紧实、清新的口感，当然新鲜是一个前提，要达到最佳风味，通常还需要静置（对于刚烘焙的豆子也是一样的原理）。咖啡产地如果干燥能力不强，出产的咖啡豆风味会迅速消散，很快就变成旧豆。广泛使用的 GrainPro Cocoons™（一种存储生豆的塑料袋）前所未有地提高了咖啡豆的寿命和品质。即便如此，一旦出口，生豆的储存环境对其老化速度的影响还是非常大的。热量和变化的湿度都是问题。即便在咖啡馆里配上一台烘焙机，看似美好且有效，还是不足以储存生豆。现在，一个温度和湿度可控

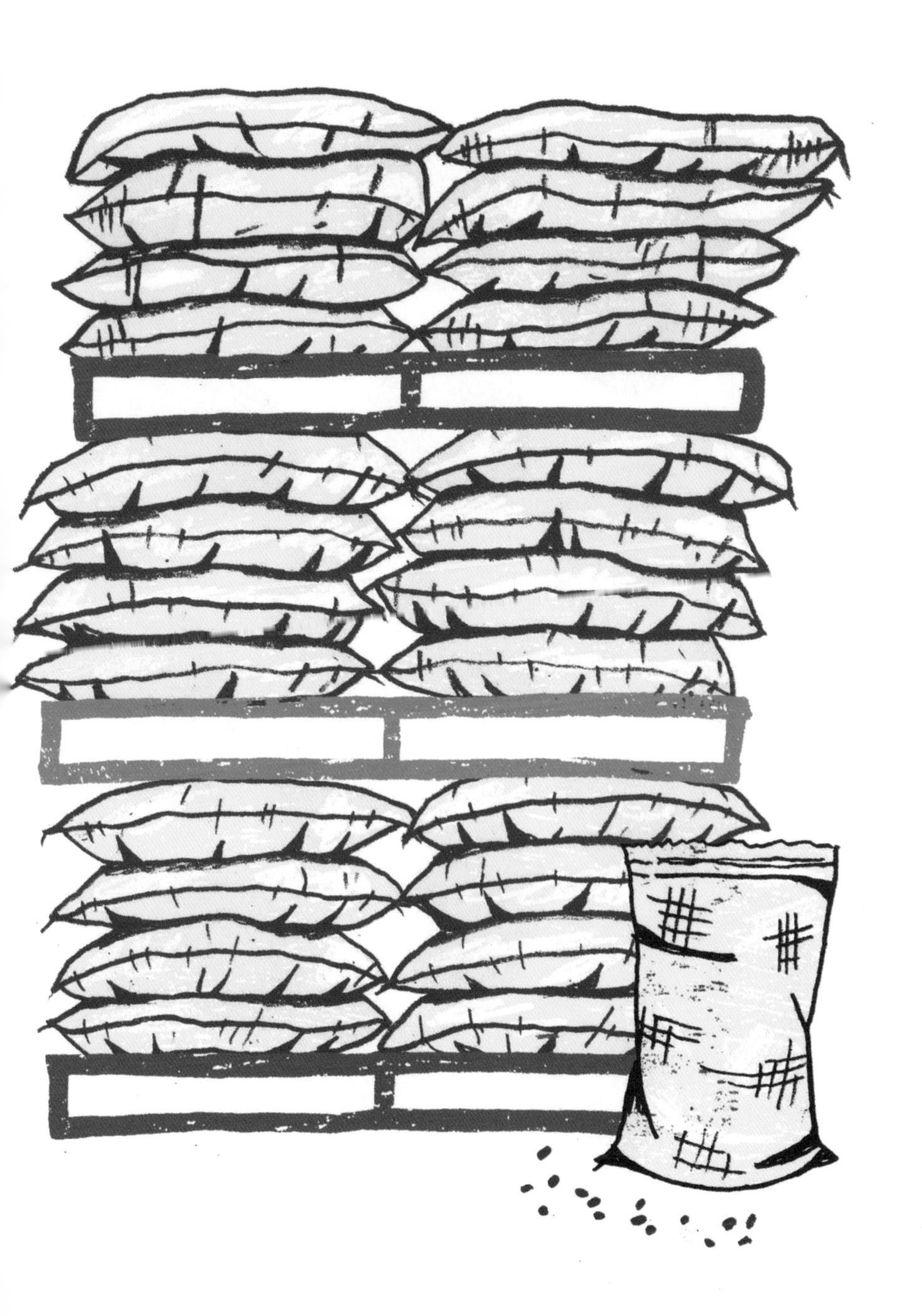

的环境越发成为一种延长生豆寿命的方式。

参见词汇
瑕疵 第 67 页
肯尼亚 第 135 页

Peaberry | COFFEE BEAN TYPE

圆豆 | 咖啡豆类型

咖啡包装袋和网站上会有许多和咖啡相关的术语和定义。这种现象似乎有点泛滥了，而且有些关键术语会让人困惑。圆豆就是其中一个。你可能会看到肯尼亚咖啡上标有“圆豆”的字样，并且以为它是一个咖啡品种，这情有可原。事实并非如此，所有品种都有可能产出圆豆。圆豆是一种自然界中的异常现象，发生于咖啡樱桃内部，一颗咖啡樱桃内原本有两颗种子，而圆豆的产生是因为种子只发育了一颗。通常，两颗种子共同生长，二者接触的一面就会变得扁平——这也是我们熟悉的咖啡豆形状的形成原因。而没有另一颗种子挨着成长的圆豆，形状则是偏圆的。某些产地（大多数源自肯尼亚和坦桑尼亚）会把圆豆挑出来单独售卖，而有些产地则不会，这也是为什么你看不到市面上有来自所有产地的圆豆。圆豆品尝起来确实和其他豆子不一样，理论上来说，有以下几个原因：第一，圆豆获得的果实营养更多；第二，圆豆的形状和密度使其可以烘焙得更均匀；第三，圆豆被精心挑出来单独售卖，说明它的瑕疵应该不多。

参见词汇
公平贸易 第 89 页

Peru | ORIGIN

秘鲁 | 产地

秘鲁是咖啡生产大国。秘鲁咖啡口感比较圆润、顺滑，酸度低，伴有坚果和巧克力风味。秘鲁咖啡很流行有机认证，比如公平贸易认证，即使这并没有提高咖啡品质，而且经有机认证的咖啡还是非常廉价。虽然精品咖啡烘焙师并不太会储存或售卖秘鲁咖啡，但是和其他咖啡生产国一样，秘鲁也开始涌现越来越多可溯源的、有趣的咖啡品种。

参见词汇
酸度 第 13 页

Phosphoric acid | GROWING; TASTING

磷酸 | 种植；品尝

咖啡有许多风味属性，最受追捧的高品质咖啡属性就是酸度。但是，咖啡中的酸不一定都是好的，比如醋的风味就归属于醋酸。好咖啡所追求的是特定类型和结构的酸，并且可以将这种酸度体验与咖啡豆中的某种酸联系在一起。烘焙的过程会改变咖啡豆中的酸，但我们还是希望刚采摘的生豆中有这些酸。比如柠檬酸是所有咖啡属植物中都有的一种酸，通过光合作用生成。而磷酸则要存在于咖啡作物生长的土壤中，最终才会出现在咖啡豆里。许多东非咖啡品种会含有磷酸，带有一点点微泡、碳酸的感觉。

Plunger

活塞

参见词汇“法式压滤壶（French press）”。

参见词汇
粉碗 第 23 页
浓缩咖啡 第 79 页
称重器 第 239 页

Portafilter | ESPRESSO

过滤手柄 | 浓缩咖啡

过滤手柄也叫“braccio（臂）”，就是“支撑过滤器”的意思。和“冲泡组头”“接水盘”这类词一样，过滤手柄用来描述浓缩咖啡机的组件，跟机器品牌没有关系。

0
2
4
6
8
10
12
14
16
18
20

过滤手柄就是用于支撑粉碗的把手。就像浓缩咖啡机的其他组件一样，过滤手柄的订制化也是很常见的，可以有各种设计、各种材质。有一个专业的建议，如果在过滤手柄上加一点重量或加个胶带，可以让每个冲泡组头的冲泡量保持一致。这样可以在使用冲泡组头的时候，减少不停称重这一步。

Pour-over

手冲式咖啡

参见词汇“全浸式（Full immersion）”。

Pressure | ESPRESSO

压力 | 浓缩咖啡

参见词汇
爱乐压 第 13 页
油脂 第 63 页
浓缩咖啡 第 79 页
摩卡壶 第 149 页

浓缩咖啡是通过压力冲煮出的咖啡，但压力究竟对咖啡做了什么呢？通过高压冲煮咖啡，可以将咖啡中的二氧化碳压缩出来，随后变成了浓缩咖啡表面的油脂。压力可以让咖啡豆研磨得更细腻，足够的压力可以让水充分贯穿细腻的咖啡粉，从而发挥最大的萃取潜力。没有压力，水就会卡住。对比两款使用稍微不同压强（比如 7 巴和 9 巴）萃取的同样浓度的咖啡，是非常有趣的。但造成咖啡风味差异的真正原因又很难分辨，因为这其中涉及的变量太多。压力和研磨机的关系也很紧密：研磨得太细，不管压力如何，水都穿不过粉末。虽然有平衡点，但这也是咖啡领域中众多无解的问题之一。其他方式，比如摩卡壶和爱乐压虽然也有压力，但是相对小很多，少得无法衡量。

参见词汇
巴西 第35页
哥伦比亚 第60页

Producing | GROWING

生产 | 种植

说到咖啡产业，人们似乎倾向于将全球分成咖啡消费国和生产国，即种咖啡的和喝咖啡的。纵观整个咖啡交易历史，大多数生产国的咖啡都不是在本国产生消费，因为咖啡作为出口商品，价值很高。有点讽刺的是，高品质咖啡因价值过高而不能留在本国，因此国内消费的咖啡几乎都是低级别的咖啡。当然，世事无常，像巴西和哥伦比亚这些经济蓬勃发展和现代化的国家，咖啡文化也日益繁荣，因此越来越多自产咖啡的消费群体也来自国内。

Q Grader | QUALIFICATION

Q 质量分级品鉴师 | 资质证书

由咖啡品质协会（Coffee Quality Institute）制定的 Q 质量分级品鉴师认证考试，是咖啡行业中最负盛名的资格考试。

它包括一周的密集培训课程和考试，测试个人咖啡品尝和分级的能力。想要成为 Q 质量分级品鉴师，必须通过 21 个单独的测试，涵盖了咖啡相关的所有知识，从测试水溶解需要提取的盐和糖的量，到咖啡品测和评分的一般知识，均有涉及。随着咖啡产业的发展与成熟，精品咖啡相关的资格认证越来越流行，而 Q 质量分级品鉴师认证不仅适用于精品咖啡，也适用于所有商业咖啡。还有一种 R 质量分级品鉴师认证，专注于罗布斯塔种和其衍生品种的分级和品鉴。

Quaker | DEFECTS

奎克豆 | 瑕疵

在咖啡漏斗或一整袋烘焙豆中，你是否发现过一堆棕色豆子里有一个黄褐色的豆子？这是奎克豆，不是我们想要的豆子。它是采摘过程中混入的未成熟咖啡樱桃的种子。湿处理法几乎能够剔除所有奎克豆，豆子浸在水中时，奎克豆会浮在最表面。自然处理法中很难看出这种豆子，通常在水洗处理法中你才会看到。如果你看到奎克豆，记得要挑出来，扔到你的肥料堆上——就可以获得一杯味道更好的咖啡啦。

Radiation | ROASTING

辐射 | 烘焙

烘焙咖啡豆的过程实质上就是烹饪咖啡豆，就像加热食物一样，有很多种烹饪的方式。咖啡豆烘焙有两种最常见的方式：热对流和热传导，即烘焙时传递热量的方式，可通过热空气（热对流）加热，或是将烘焙容器制成滚筒状（热传导）进行加热。不同的烘焙机可以混合使用这两种方式，并调节某种方式的强度（比如，某个烘焙机可以是热气流主导或热滚筒主导），不同的组合方式都会影响烘焙豆的风味。热交流是最快的烘焙方式。比较不常见的是辐射烘焙，就像家用微波炉的原理一样。辐射通过震动食物中的水分子，产生加热的效果。特别有趣的是，辐射可以让咖啡豆的内部和外部同时受热，因此是最有潜力的均匀加热方式。辐射烘焙咖啡豆和一般烘焙咖啡豆的具体风味差异并没有特别详细的记录，但是人们正在积极研发这种烘焙技术，而且效果很不错。

参见词汇
种 第 202 页
蜜处理法 第 118 页
自然处理法 第 156 页
地域 第 214 页
水洗处理法 第 235 页

Raised beds | PROCESSING

高架床 | 处理

咖啡樱桃采摘下来后，须剔除果肉，干燥种子（咖啡豆）。出口前，咖啡豆须干燥至水分含量仅为 12%。剔除果肉和干燥咖啡豆的方式多种多样，都属于“处理”这一范畴。咖啡樱桃在咖啡树上经历了 9 个月的成熟时期（因地域不同而时长不一），虽然相比之下咖啡豆处理的时间短得多，但是对咖啡豆的风味和质量却有巨大的影响。高架床用于晾晒咖啡豆，此时的樱桃果肉还相对完整。使用高架床可以更好地控制干燥过程：筛床离地抬高，有利于空气在咖啡豆周围流通，干燥更均匀，更具预见性，发酵的问题也更少。高架床和咖啡豆质量增长有很强的关联性。

参见词汇
发展 第 71 页

Rate of rise | ROASTING

升温速度 | 烘焙

这个工业技术术语指的是咖啡豆加热时温度的变化，即描述咖啡豆加热的升温速度。咖啡专家兼作家史考特·拉奥（Scott Rao）在咖啡烘焙和冲煮方面有很深的影响，也是他让“升温速度”这个词流行了起来。他发现升温速度的持续性降低和更好的烘焙之间有关联性。升温速度的持续性降低意味着咖啡烘焙开始时，升温速度快，随即越来越慢。但这很需要平衡技巧：如果烘焙过程中情况相反，温度降低，咖啡豆开始变凉，那么就变成了所谓“焗烤风味烘焙”，尝起来平淡乏味。

10/12/17

参见词汇
白利度 第 38 页
萃取 第 86 页

Refractometer | TESTING

折射计 | 测试

折射计被应用在很多不同的行业，主要原理就是判断光的折射——正如它的名字一般。测量时，准备好液体样本，用设备朝液体射出光束，测量液体中悬浮固体对光的折射。原理是从射出光束开始，测量光的折射量，从而得出液体中的固体量。同样的仪器也被用于葡萄酒和水果行业，测量果实的成熟度和糖含量；而在咖啡行业中，则用于测量咖啡液中的咖啡固体含量。测量结果应视具体场景而定，但是这项技术在咖啡制作过程中确实很有潜力，能让人对咖啡有更深的了解。

参见词汇
生豆 第 109 页
单向排气阀 第 164 页
氧化 第 167 页

Resting | FRESHNESS

静置 | 新鲜度

咖啡的新鲜度比较好界定。咖啡樱桃刚采摘下来时，是最新鲜的。烘焙环节中，最新鲜的时候就是咖啡豆刚从烘焙冷却盘中拿出来的那一刻。最新鲜的咖啡粉就是冲煮前刚研磨出来的。本质上，新鲜度和质量是相关联的。所以新鲜的就是最好的吗？倒也不见得。“新鲜的就是最好的”是一句很简单的叙述，且在大部分情况下都是对的。18 个月前采摘的咖啡樱桃新鲜度不如上周采摘的；昨天刚烘焙的咖啡豆尝起来会比 1 年前烘焙的豆子要好。诸如此类。但是，最佳的咖啡风味却是介于新鲜与不新鲜之间，大部分情况下，最新鲜的咖啡未必是最好的。刚刚采摘的咖啡有生豆的“青气味”，通常有点涩，没有甜味和层次感的酸。

刚烘焙好的咖啡豆需要释放二氧化碳，所以通常会先放上几天，让咖啡豆“打开”。实际上，根据不同的咖啡豆品种和烘焙方式，烘焙后的最佳风味可能要好久才能达到，某些情况下，甚至需要 3~6 个星期。烘焙师能够把握好自己的咖啡豆风味达到巅峰的时间。

Reverse osmosis | FILTRATION

反渗透 | 过滤

参见词汇
缓冲 第 38 页
滤筒 第 48 页
水 第 236 页

与滤筒（离子交换滤筒）过滤相比，反渗透过滤通常比较复杂且昂贵。在反渗透法中，通过高压推动水穿过一层薄膜，最后得到两种液体，一边是几乎没有矿物质的溶液，而另一边是矿物质浓度非常高的溶液。大部分人会使用“无”矿物质一边的溶液，加一点高浓度溶液。在软水这个化学领域中，通过反渗透法增加溶液矿物质浓度并不是闻所未闻的。而硬水领域中，除了蒸馏，反渗透是唯一降低溶液中矿物质溶度的方式。反渗透系统会产生大量的浪费，某些情况会产生 50% 的废水，而这方面现在也有了很大的改进。从一杯咖啡的角度出发，关键是要认识到，反渗透法与基于滤筒的过滤一样，只能够操控冲煮咖啡前使用的水。再矿物化的系统也是存在的，且越来越多人对其进行探索。这些方式都能更好地控制水的实际成分。

Ripe | HARVESTING

成熟度 | 收获

参见词汇
巴西 第 35 页
白利度 第 38 页
折射计 第 189 页

人们普遍认为成熟度最好的咖啡樱桃能够

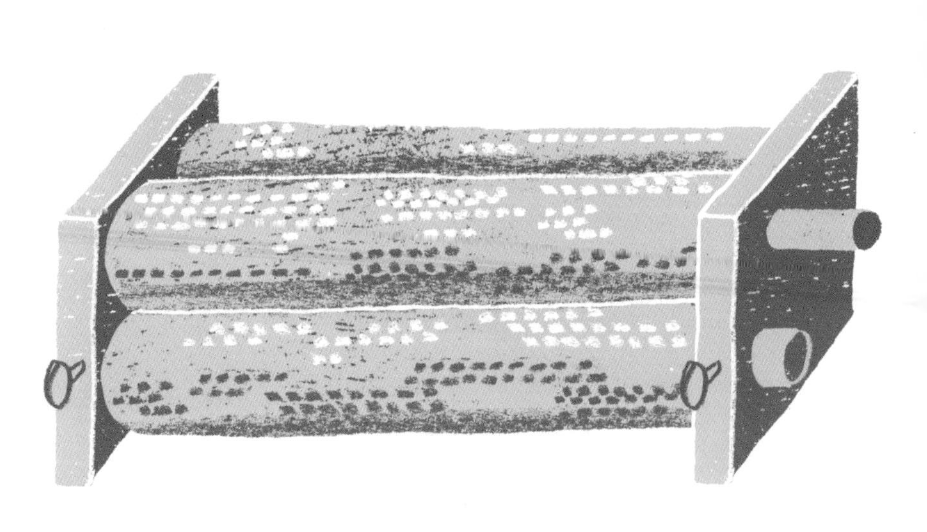

产出最好的咖啡。然而，在咖啡生产中，会特意选出“成熟过度”的咖啡樱桃来制作独特风味的咖啡。

也许关联性最强的问题是：一颗成熟的咖啡樱桃到底包含了什么特征？通常情况下，咖啡樱桃的外观就能体现其成熟程度。对于大多数品种而言，成熟的咖啡樱桃是明亮的红色，而紫色和棕色就表示果子成熟过度了。我们都知道成熟的咖啡樱桃能够产出最佳风味的咖啡，然而成熟咖啡樱桃外观具体的红色却因品种不同而有差异。现在农场里最常用的方法是通过测量咖啡樱桃中的含糖量来推测出最佳的采摘时间。人工采摘自然有其好处，但现代科技也可以在采摘后通过拣选得到最佳的咖啡樱桃。某些国家，比如巴西，会用一辆大拖拉机穿过条带状的咖啡树丛采摘果实，然后运用各种小器械分拣成熟和不成熟的果实——比如压力分拣机，可以测量果实的硬度。

Robusta

罗布斯塔

详见词汇“种（Species）”。

参见词汇
平刀磨盘 第 93 页

Roller grinder | GRINDING

辊轴研磨机 | 研磨

在全球的咖啡馆里或家里，最常见的咖啡研磨机是磨盘研磨机，但是研磨咖啡的方式却有很多种。刀片研磨机是最不可取的：它们“潜伏”在咖啡馆里，研磨的颗粒很不均匀。最受商业咖啡公司欢迎的是辊轴研磨机。

想象一下两个带尖刺表面的辊轴，一个挨着

另一个，咖啡豆从两个辊轴中间穿过，被碾压成粉末。辊轴研磨机的辊轴多种多样，能够研磨出非常均匀的咖啡粉，或颗粒偏球体的咖啡粉。

参见词汇
卓越杯 第 64 页
瑕疵 第 67 页

Rwanda | ORIGIN

卢旺达 | 产地

卢旺达是个能够产出卓越品质咖啡的国家，其咖啡的特色是富含浆果水果味和花香，伴有葡萄酒酸度，层次复杂。卢旺达这个产地在精品咖啡领域中算是新面孔。在过去，大部分卢旺达咖啡都是商业咖啡，且范围有限。同时也受 20 世纪 90 年代中的国家动乱影响，卢旺达直到 21 世纪第一个十年的中期才建立起第一个咖啡水洗站。之后，卢旺达成为了第一个，也是唯一一个举办了卓越杯的非洲国家，而这个国家的咖啡也逐渐开始获得它应有的名声。

Sensory science | TASTING

感官科学 | 品尝

我第一次对感官世界有真正的认知，是通过阅读牛津大学实验心理学教授查尔斯·斯潘瑟（Charles Spence）的作品。总的来说，斯潘瑟专注于研究除了食物和饮品自身，其他所有影响个人吃喝体验和感知的因素；研究对象囊括所有细节，比如餐具的重量、盘子的形状、杯子的颜色和周围环境的声音等。以咖啡为例，用白色杯子装着的咖啡给人的感知程度比用黑色杯子装着要强几乎两倍。有趣的是，白色杯子装着的咖啡也会让人觉得没那么甜。我们的饮食体验是如此复杂，令人着迷。想象一下你尝过的最美好的咖啡，是因为咖啡本身非常优质，还是因为喝咖啡时，端上来的配置是合适的、颜色是好看的，所有一切都是恰到好处的？这也是为什么在咖啡品鉴和打分时，环境很重要，要在一个可复制的、干净、安静、客观的环境下进行。当然，完全客观无偏见的环境是不存在的，所以一致性就是关键因素了。

参见词汇
咖啡师 第 23 页
浓缩咖啡 第 79 页
世界咖啡师大赛 第 239 页

Signature drinks | COMPETITIONS

创意咖啡 | 竞赛

在咖啡的世界，“创意咖啡”这个词专属于世界咖啡师大赛。

自 2000 年大赛首次举办以来，创意咖啡、浓缩咖啡和牛奶咖啡，就是考验参赛者的三大主要饮品制作内容。创意咖啡的要求其实很简单，大多数人会做成基于浓缩咖啡的“混合饮品”。但是，不允许用酒精（对于带酒精的咖啡饮品有另一个竞赛，叫作咖啡调酒大赛，简称 CIGS）。创意咖啡的主要目的不是盖过咖啡的风头，而是要和咖啡互补，保持其独特性的同时更要衬托出它的组成部分——也就是咖啡。这很难。许多大赛参与者在确定最终的配方前，都要历经几天几夜，在不同难喝，甚至不能喝的混合物中摸索。创意咖啡通常是咖啡师大赛流程中最具戏剧性的环节。

参见词汇
生豆 第 109 页

Silver skin | GROWING; ROASTING

银皮 | 种植；烘焙

在咖啡樱桃的核心，有两颗并排而生的咖啡种子。这两颗咖啡种子由一层轻盈、半透明的膜包裹着，也就是银皮。再往外是“羊皮纸”即种皮，和咖啡樱桃果肉。生豆经过处理出口时，银皮是唯一一个还附着在种子上的原生部分。自然处理的咖啡豆剩余的银皮量多一些，水洗的少一些。在烘焙过程中，银皮会轻松地自动脱落，变成糠，借着烘焙机中的气流，被吸入烘焙机内专门收集糠的地方。烘焙机内部的糠必须要小心清

理。烘焙时，烘焙机后方烟囱的位置就会飘起“银皮雪花”。

Single origin

单一产地

参见词汇“产地（Origin）”。

参见词汇
咖啡师 第 23 页

Slow brew | COFFEE FULTURE

慢煮 | 咖啡文化

你可能听说过一个词：慢吧（slow bar）。这个词指的就是过滤式咖啡吧，但蕴含了更多的意义。典型的咖啡慢吧售卖的是单杯手冲咖啡。慢吧的核心是制作优质咖啡，它是相对“快餐”而生的一种文化——包括服务部分和咖啡制备——并逐渐成为许多咖啡馆的特色。慢吧的特点就在于花时间感受和观察手冲咖啡的制作过程，与咖啡师互动，或者仅仅是坐着，慢慢度过一段时间。显然，传统的咖啡馆经济是建立在更快的服务上，不过有些咖啡馆也开始提供慢吧服务，当然基于其体验感增强，价格会稍高一点。

参见词汇
农学 第 15 页
海拔 第 16 页
地域 第 214 页

Soil | GROWING

土壤 | 种植

咖啡树和其他作物一样，通过土壤获得营养，相应地，土壤会影响咖啡树和咖啡果实的生长。土壤的 pH 值（用于测量酸碱度），以及磷、氮、钾的含量都是农场主们了解作物管理的主要标识。所用的肥料应与土壤中的成分相辅相成。土壤成分和其他因素（日光、温度、海拔、品种和处理法）一样，都只是地域条件的一个方面，且也会大幅度影响咖啡的风味。检测和管理土壤成分，并控制好其他因素，大大有助于产出高品质的咖啡。

参见词汇
Q 质量分级品鉴师 第 183 页
辐射 第 185 页

South Korea | COFFEE CULTURE

韩国 | 咖啡文化

韩国人对于精品咖啡几近疯狂，而这种现象还在逐渐发展中。举个例子，韩国的 Q 质量分级品鉴师的数量比全球其他地区都要多。全球范围内的咖啡烘焙过程都是独立分开的，由大型公司操控，然后再以批发的方式售卖给咖啡馆、餐厅等。而在韩国，咖啡馆盛行自己烘焙咖啡，也因此出现了许多令人惊叹的小型店用烘焙设备。比如韩国产的智烘（Stronghold）智能咖啡电烘机，使用的是红外线和热气流双重烘焙。

参见词汇
海拔 第 16 页
阿拉比卡 第 18 页
变种 第 228 页

Species | ROBUSTA AND ARABICA

种 | 罗布斯塔种和阿拉比卡种

野外天然的咖啡种有许多，且全部都源于非洲东海岸。根据英国皇家植物园咖啡研究负责人阿伦·戴维斯（Aaron Davis）的记录，马达加斯加岛上的咖啡种数量最多。世界上超过半数的咖啡种，都是在 20 世纪 90 年代末，经过戴维斯和其团队的探险和分类，才有了文字记载，这是一项非常惊人的工作。现今所有用于售卖的咖啡几乎都源自两个种：罗布斯塔种和阿拉比卡种。这二者对比，罗布斯塔种质量相对较次，种植海拔非常低，通常在海平面至海拔 300 米（1,000 英尺）之间。罗布斯塔种抗病性很强，通常每棵树的产量比阿拉比卡要高两倍。据估计，罗布斯

塔种占了全球咖啡种植的30%，虽然这个数字还具有争议性。

阿拉比卡种大多是高品质咖啡，也会有些罗布斯塔种表现得更好。然而，罗布斯塔种和最优质的阿拉比卡种是没法比的。你会发现罗布斯塔豆通常会混合阿拉比卡豆，虽然有许多变种，但是可以预见罗布斯塔咖啡带点苦味，口感更厚重，不够“明亮”，水果味也更少。优质的罗布斯塔咖啡带有巧克力和榛果风味。

参见词汇
杯测 第64页

Spittoon | TASTING

吐杯 | 品尝

对于饮用咖啡的人来说，咖啡的核心作用就是充当摄入咖啡因的媒介，这样的说法倒也不牵强。讽刺的是，如果从这个角度看，咖啡专家的工作对自身就是一种负担了，特别是当他们为了保证咖啡质量，每天的日程就是一杯接一杯地品尝咖啡时。大部分咖啡品测工作通常都是啜吸一口咖啡，含在嘴里，品味一下，再吐掉。任何器皿都可作为吐杯，当然专门的吐杯最佳。精心设计的吐杯也可以很可爱，虽然里面的东西不然。将咖啡吐掉也可以避免味觉疲劳。最佳的口腔清洁剂是原味苏打饼干，可以吸收掉口中的液体和油脂。

参见词汇
浓缩咖啡 第79页
拉花艺术 第139页
感官科学 第197页

Steaming | MILK FROTHING

蒸汽 | 奶泡

如今现代咖啡馆风靡全球，且在大多数国家的咖啡馆里，奶泡和浓缩咖啡一样重要。比如说，澳大利亚的咖啡文化，已经将制作奶泡转变成了一种精湛的烹饪艺术。相信我，初学者在第一次接触奶泡制作时，就会马上意识到这是一件多么难的事情。

首先你需要大功率的蒸汽；喜欢居家制作奶泡的狂热者通常会抱怨自己做的奶泡不好，其实是因为家用机器功率较低，才阻碍了他们的发挥。开始打奶泡前，蒸汽棒顶端出气口的位置要放在奶缸的中间，恰好处于牛奶表层的下方。打奶泡的原理就是让牛奶翻腾、旋转起来，随着你将奶缸放低，加入空气从而产生气泡。关键是要快速、多次加入空气——牛奶要一直处于旋转状态。且这一切必须在牛奶被过度加热前完成，一旦温度超过 60℃，风味质量和气泡就会开始消失。打发好奶泡是制作拉花艺术的前提条件。

参见词汇
咖啡因 第 41 页
浓缩咖啡 第 79 页

Strength | DRINKING

浓度 | 饮用

咖啡中有些词可能会让人感到迷惑，什么是“浓度”就是其中一个。主要的误解在于咖啡风味和咖啡因之间的关联，尤其是咖啡因浓度。要说明冲煮前咖啡粉的咖啡因浓度和冲煮后咖啡液中咖啡因的浓度，几乎是不可能的。另一个迷惑的点，从技术层面来看，是浓度和萃取的关系。显然，如果你用的咖啡粉很多，就有可能获得一杯咖啡因浓度高的咖啡，然而最终的咖啡液量却又很有迷惑性。浓缩咖啡可以是高浓度且强烈的，但是也要看单杯浓缩咖啡的大小，如果是一杯很大杯的浓缩咖啡，其咖啡因浓度可能比不过一杯马克杯装的淡过滤咖啡。其实本质上是个容量的问题。另外，越来越多的商业咖啡包装上会

标上浓度指引，这也有问题。关于浓度，现在并没有权威的标准。

咖啡公司使用这些编造的浓度指引有各种各样的意图。可能是为了描述烘焙的深色程度，或者是为了说明咖啡中加了罗布斯塔种，因此咖啡因浓度更高。此外，也可能与咖啡产地和咖啡豆风味浓度相关。

参见词汇
二氧化碳浸渍法 第 47 页
萨尔瓦多 第 77 页
变种 第 228 页
世界咖啡师大赛 第 239 页
出杯量 第 245 页

Sudan Rume | VARIETY

苏丹鲁美 | 变种

实际上，苏丹鲁美隐藏在咖啡界的幕后已经有一段时间了，它通常被用于与其他品种杂交，改进咖啡品种的质量和抗病性。因为这个品种自身产量不高，所以也没有高水平的咖啡产出。2015 年，沙夏·赛斯提凭借此品种（结合二氧化碳浸渍法）一举夺得世界咖啡师大赛冠军，才让它出现在了人们的视野中。从来没有哪个时代像现在一样如此看重咖啡的质量，因此像苏丹鲁美这样的低产量品种也似乎更吸引人了。苏丹鲁美来源于苏丹的博马高原，品质稳定，带有丰富的芬芳香味，以及核果的酸度和甜度。美洲有许多农场主正在试验这个品种的栽培种，也有许多卓越的成果，在萨尔瓦多就有一个很出名的 F1 杂交品种叫“中美洲（Centoamerica）”。

参见词汇
酸度 第 13 页
咖啡因 第 41 页
浓缩咖啡 第 79 页

Sugar | SWEETENER

糖 | 甜味剂

土耳其有句俗话：“咖啡应像地狱一样黑暗，像死亡一样强烈，像爱一样甜蜜。”对于许多人而言，咖啡加了糖就决定了他们与这款饮品的关系。咖啡可以有自身天然的甜味，但是多数情况下是苦的，加了糖可以平衡苦味。

糖就像咖啡因一样，会让人上瘾。通常一杯咖啡端上来，都会有双重目的，提供咖啡因和糖分，而每个人对咖啡喝法的选择却可能是个敏感话题。咖啡风味本身就很复杂，而加了糖的味道并不总是可预见或令人愉悦的。在高分咖啡的领域，复杂且有层次感的酸度才是咖啡显著的特点，苦味也随之减少，因此加糖不仅没必要，还会影响咖啡风味的平衡。与红酒类似，一杯精心制作的优质咖啡就是成品。咖啡豆经过挑选、烘焙、冲煮，完全不含糖。在更传统的意大利浓缩咖啡中则情况相反，咖啡豆也是精心挑选并烘焙，但最终呈现的饮品需要加糖来平衡风味。

参见词汇
味觉 第 113 页
嗅觉 第 163 页

Super taster test | TASTING

超级味觉者测试 | 品尝

讨论味道和风味是很难的：我们得在偏好和观点之间来回衡量，还要提防语言的陷阱——并不是所有人对同一个词的解读都是相同的，或能将同一个词与一种风味体验联系起来。比如说，当说到“顺滑”和“葡萄酒感”时，大家想象到的感觉或味道是一样的吗？即使在宽松的标准下，我们也不得不承认，人类的味觉设置千差万别，就意味着对于同一样食物的品尝体验也大不相同。这就是超级味觉者测试能帮到我们的地方。

超级味觉者测试的名字存在一定程度上的误解。测试是将一张白纸条放在舌头上，闭上嘴巴含几秒钟。你可能什么也品尝不到，只是感觉到有张纸；你也可能有很强烈的反应，露出一副厌恶的表情，用水冲洗你的嘴巴，接下来的几个小时都在尝试忘掉这种感觉。这两种反应不在于纸张的区别，而是你对纸张中化学成分的敏感度——也就是丙硫氧嘧啶。这个敏感度与舌头上的味蕾数量直接相关，且从极度敏感的人到几乎对此无感的人都有。这也与我们对苦味的敏感度相关。要注意的是，超级味觉者测试并不会涉及鼻子的功能，而鼻子在品尝过程中也很重要。自然，人们的“鼻子”也是千差万别的。那么，味觉会受基因影响吗？虽然人有基因差异，但是答案是“不会”。品尝的能力，就像在辨别各种食品的品质，比如咖啡和芝士，其实是基于经验的能力。若想要辨别不同咖啡的异同，需要品尝、评价大量的咖啡，从而建立起独特的“品尝数据库”。同时，也有例子表明，对于不同事物的敏感度，比如糖，是可以习得的，且随时间变迁会有所改变。现在你知道了吧：品尝就是一个雷区。

参见词汇
卓越杯 第 64 页
公平贸易 第 89 页
叶锈病 第 140 页

Sustainability | GROWING; TRADING

可持续性 | 种植；贸易

可持续性是一个很笼统的术语，从咖啡种子开始到最后制成咖啡的整个过程中，许多环节都可以让我们考虑到可持续性。最终的可持续性目标应同时有益于经济和环境。比如：以更环保的方式种植作物，却不能让农民维持生活，就是不可持续性，反之亦然。从经济的角度来说，精品咖啡运动和卓越杯竞赛等都一直在通过给农民更多经济奖励来追求更高品质的咖啡。公平贸易认证专注于让商品咖啡变成一种更可持续性的作物。在生产过剩的国家，若没有将咖啡种植变得具有经济可持续性，会导致且持续导致咖啡被抛弃而种植其他作物，这才是真正令人担忧的。而在农业可持续性方面，也有许多令人担忧的地方。叶锈病会破坏作物，从而减少咖啡收获时的经济利益。气候变化会改变种植条件，导致作物生病，也会影响经济效益。发展中国家的人工成本上涨，也会威胁到咖啡生产。科技可以帮忙缓解这些状况。虽然有时候，一个国家就会面临许多独特的挑战，但是所有咖啡生产国通常会共享各自复杂的咖啡种植问题，且已经设立了各种各样的机构和组织。即便如此，可持续性这个问题仍然需要我们高度关注。

Syphon

赛风壶

参见词汇“真空壶（Vacuum pot）”。

参见词汇
浓缩咖啡 第79页
均匀 第84页
萃取 第86页
旋转填压 第161页

Tamping | ESPRESSO

压粉 | 浓缩咖啡

压粉是使用压粉器将咖啡粉在粉碗中压平实，压粉器就是一个带把手的扁平金属圆盘。这个手法是制作浓缩咖啡的一部分。为什么要压粉呢？压粉的目的是让加压的水均匀地通过咖啡粉层，并提取出所有咖啡粉的风味。若你看一眼水从机器中流出的样子，会发现它像个淋浴器，有很多道水流。这并不是我们想要水流穿过咖啡粉层的样子。通过压粉，我们建立起了一个阻隔层，让水在粉层的表面稍作停留，逐渐聚成圆盘状，水满后，就自然均匀地流过所有咖啡粉。对于压粉，有个常见的错觉，那就是压粉会大大有利于萃取。咖啡粉的填装方式，确实会影响萃取的均匀度；但是举个例子，如果咖啡粉太粗，也不能完整地萃取出咖啡的所有风味，而压粉并不能解决这个问题。

参见词汇
冷冻 第98页
地域 第214页

Temperature | HOT AND COLD

温度 | 热和冷

从咖啡种子开始到最终制成咖啡的过程中，许多环节都能观察和感受到温度的影响。

在某个农场，地域或海拔带来的温度变化会改变咖啡作物的种植条件，且在咖啡豆的干燥过程中也很重要。温度会影响咖啡豆储存和保质期。烘焙就是用不同的方式对咖啡豆施加不同的温度。大多数人都会体验到温度在冲煮咖啡时的影响——我们用于制作咖啡的水的温度会影响咖啡风味。你可能听说过，不能用烧开的热水冲煮咖啡，因为会“烧焦”咖啡。这是个很好的建议，但是也会让人误解。冲煮咖啡其实是一个溶解的过程，而不是真的烹饪咖啡，因此水温改变的是复合物，也就是咖啡释放出来的风味。如果咖啡被“烧焦”了，很有可能是发生在烘焙阶段。

Terroir | GROWING

地域 | 种植

参见词汇
农学 第 15 页
海拔 第 16 页
气候变化 第 56 页
土壤 第 201 页
变种 第 228 页

terroir 是个法语词汇，通常用于葡萄酒行业，是法语词“terre”的衍生词，“terre”意为“土地”。地域指的是作物种植条件中的环境组成因素，也囊括了各式各样会影响作物源头的因素，包括人类的影响。地域实际上是任意一种作物在特定地段的故事。我认为这个词在咖啡行业中特别恰当，且是个很好的例子：一个词即可推理出许多东西。不同的元素在源头融汇交杂，在咖啡烘焙和冲煮前，会对咖啡风味产生巨大的影响。这些地域条件可包括咖啡品种、土壤、气候、采摘和处理过程。每个元素都有自身的复杂性，但所有元素都不是独立运作，而是相辅相成的。

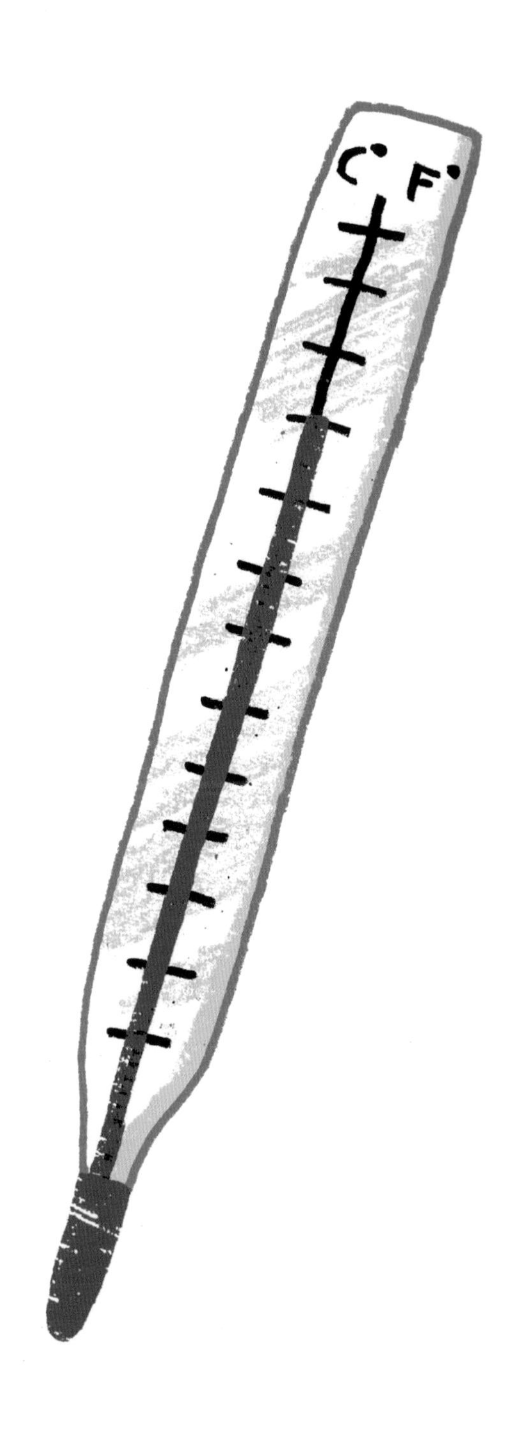
C°
F°

参见词汇
生豆 第109页

Thermodynamics | SCIENCE

热力学 | 科学

我在几个咖啡项目中和一位化学家有合作，因此才在这个词典中加了“热力学”这个词。我认为咖啡中发生的大量反应都和热力学相关。热力学作用的其中一个例子是，温度引起的物理变化可形成所谓的“阶段性改变”，但是广泛的热力学是“能量运动”，包括宇宙中每一个物理过程。人类通过加热或者冷却实现了许多阶段性改变。在咖啡中也有许多例子。比如，冷冻生豆是利用热力学延长咖啡豆的寿命。烘焙是通过热力学作用，用复杂的方式分解复合物，从而产生许多带风味的副产品。接着是咖啡冲煮，也是利用热量改变萃取。这真的很酷。

Third place | COFFEE CULTURE

第三空间 | 咖啡文化

家是“第一空间”，工作场所是“第二空间”。也有许多作者提及“第三空间”，最有影响力的是1989年由美国城市社会学家雷·欧登伯格（Ray Oldenburg）撰写的《绝好的地方》（*The Great Good Place*）。欧登伯格在书中提到，第三空间对于文明社会、民主和地方感知都非常重要。第三空间应是一个扁平的空间（社会角色和地位都不重要），在那里主要的活动就是对话，且不管是熟客还是新人都应该能够轻易融入其中。

咖啡馆实质上就是第三空间。其他例子还有健身房、公园和酒吧。将咖啡馆归类成一种独一无二却又浑然一体的事物，是很诱人的。然而，以咖啡为主的空间极具多样性，且也有多种多样的解读。我认为很多咖啡馆是个天然的第三空间，而有些也融合了第二空间（办公场所）；还有少数是以咖啡产品为导向，或专注于提供餐饮体验。

参见词汇
浓缩咖啡 第 79 页
独立咖啡馆 第 124 页
产地 第 166 页

Third wave | COFFEE CULTURE

第三浪潮 | 咖啡文化

咖啡文化的“第三浪潮”是带有一点争议性的——通常，想要用一个笼统的词汇来概括一个复杂的现象都注定会失败。“第三浪潮”这个词先是由行业专家翠西·罗斯格（Trish Rothgeb）创造，并广泛被其他人探索。虽然这个词是围绕美国展开的，但是所表达的核心观点，即喝咖啡的方式正发生变化，确实适用于全球的咖啡文化。“第一浪潮”是咖啡的商业化，主要是大众市场速溶咖啡的兴起。“第二浪潮”指的是现在占据商业街的咖啡馆的崛起，比如星巴克。这个现象发生于 20 世纪 60 年代的美国，代表人们接受了以意大利浓缩咖啡为基础的咖啡饮品，并推动了这类企业的发展。“第三浪潮”指的是人们对咖啡烹饪以及其他附带的咖啡处理过程有了更高的品鉴能力，包括专注于微妙的咖啡风味，注重咖啡来源和处理方式等。经常有人谈论起“第四浪潮”会是什么。老实说，我认为未来所有的精品咖啡运动都将在第三次浪潮的范围内进行更具体的探索。

只通过字面意思来使用这些定义的问题在于，第三浪潮如今好像成了整个独立咖啡馆运动

的标签。然而，虽然大量的独立咖啡馆专注于“新鲜度”或手工艺，但并没有真正在探索咖啡的烹饪鉴赏。

Turkish coffee | BREWING; COFFEE CULTURE

土耳其咖啡 | 冲煮；咖啡文化

土耳其咖啡有时也称“长柄铜壶咖啡”，指的是当地一种独特的咖啡制备方式。这种方式使用的咖啡粉比其他方式都要细腻，咖啡研磨得像粉末一样最佳。虽然其配方有很多变化，但是原理一样，多是用一个铜壶（咖啡壶，西方称为“长柄铜壶”），装入咖啡粉和水，然后炖煮，通常会加糖，也可不加。基于习惯，咖啡可能会经过不止一次炖煮。接着，咖啡壶放在高处往下倒咖啡液，咖啡表面会产生泡沫，而细腻的咖啡粉都沉淀在杯子底部。这是为数不多的不使用过滤的咖啡制备方式。虽然这不是制作精品咖啡的常见方式，但不意味着它不能制作精品咖啡。如果准确理解这种方式，且温度控制得当，也能萃取出极出色的咖啡，口感饱满、醇厚，风味复杂。

参见词汇
干净度 第 56 页

Typica | VARIETY

铁皮卡 | 变种

铁皮卡[①] 是现代咖啡变种的祖先。17 世纪，随着咖啡种植开始站稳脚跟，荷兰人将铁皮卡这个品种通过商船，运往世界各地。

现代的咖啡变种和基因选择的变种都是源

① 铁皮卡：作为咖啡界最古老的阿拉比卡品牌，在行业内被公认为优质的好咖啡。

自铁皮卡。这些进化而来的变种都比铁皮卡的产量要大，但是铁皮卡品种的咖啡品质仍是全球范围内数一数二的。这个品种的咖啡口感圆润、干净，带有甜味。

参见词汇
味觉 第 113 页
嗅觉 第 163 页

Umami | TASTING

鲜味 | 品尝

鲜味是五大基本味道之一，另外四种是甜味、酸味、咸味和苦味。这些味道也是我们口腔（味觉系统）的五大主要味觉，与鼻子（嗅觉系统）相对。这个词源自日本，由化学家池田菊苗（Kikunae Ikeka，1864—1936) 发现，并直接被翻译为“鲜味”。鲜味也有味觉区，因此科学家也将鲜味划分为一种独特的味道。形容鲜味，可以是一种令人愉悦的咸鲜味，回味悠长。然而，单独把鲜味拎出来，浓度太高，没有咸味平衡，那愉悦感会没那么强烈。鲜味可提升低钠食物的味道，比如汤；许多食品生产商也会通过添加谷氨酸盐（鲜味的来源）来增加鲜味，改进食品味道。在许多优秀的咖啡中，这种咸鲜味并不是我们所追求的。如果咸鲜味太强烈，会有肉或肉汤的味道；但若有一点鲜味，也能增加咖啡风味的层次感和丰富度。

参见词汇
波士顿茶党 第 32 页
第三空间 第 217 页
第三浪潮 第 218 页

United States of America | COFFEE CULTURE

美利坚合众国（美国）| 咖啡文化

从数量上来说，美国是世界上咖啡消费者最

多的国家（芬兰是人均消费咖啡最多的国家）。

咖啡产品和体验包罗万象，从快速、简易、廉价的餐用续杯咖啡到令人神往的高品质精品咖啡体验，应有尽有。因此很难将这个国家的咖啡文化通过一本小小的词典进行归类和展现。或许最好的方式是讲一些能够联系起整个国家的独立咖啡文化：西雅图是星巴克的故乡，而星巴克这样的咖啡馆模式已经遍布全球，且影响力巨大；第三浪潮和第三空间这两个概念都从这里开始；自从波士顿茶党倾茶事件以来，咖啡毫无疑问已经成为美国文化不可或缺的一部分。

参见词汇
凯梅克斯美式滤泡壶 第55页
全浸式 第103页
真空壶 第227页

V60 | BREWING

V60 系列咖啡壶 | 冲煮

日本公司好璃奥（Hario）的咖啡冲煮产品取得了显著的成功。如赛风真空壶一样，V60手冲壶在同类产品中脱颖而出。大部分V60系列基本上就是一个锥形的设备，底部有一个洞，内部放上滤纸，然后将设备放在一个器皿或杯具上方。冲煮咖啡时，将咖啡粉放在设备中，从上往下倒水，让水流过咖啡粉和滤纸，流入下方的杯具中。这个设备的使用方法很简单，且全靠人工操作，但是从技巧层面，特别是倒水的方式，才是关键。V60设备带有旋涡状的脊，而最大的区别是V60的滤纸，滤纸本身味道也比其他滤纸要好。

参见词汇
萃取 第86页
压力 第179页

Vacuum pot | BREWING

真空壶 | 冲煮

提起真空壶（英文也作“vac pot”），最常听到的产品名称就是赛风壶。赛风壶其实就是真空壶的一种，由日本公司好璃奥制造，而现在已经成了真空壶的代名词了，就像在英国和爱尔兰提起胡佛（Hoover），就知道是吸尘器一样。过滤咖啡没有太多戏剧性的冲煮方式，通常在学校科学实验中才会被拿来做比较，它也因为大热的美国电视剧《绝命毒师》(*Breaking Bad*)而火了一把。

外观上，真空壶由两个玻璃壶组成，上下交叠，热源在最下方。水放在下层的玻璃壶中，根据不同的真空壶设计，两个壶中间应有一张滤纸，或一块布，又或玻璃滤片。加热后，水温开始上升，下层玻璃壶中的压力增加，到达临界点后，压力便会将水推往上层的玻璃壶。接着在上层玻璃壶中加入咖啡粉，浸泡时间的长短取决于个人口味。将热源移走后，就会出现真空状态，将上层的咖啡液往下吸，而粉渣还留在上层。这个冲煮方式有一个反向的温度曲线，意味着冲煮过程中热量会持续升高，这是因为咖啡浮在水的表面产生隔热作用。这也是真空壶的缺点，由于温度过高，长时间的焖煮会容易过萃。如果使用得当，就能冲煮出美味的咖啡，还能享受一场充满戏剧效果的冲煮秀。

Variety | GROWING

变种 | 种植

变种就如生活的调味品，而咖啡的调味品极其丰富。现今我们所种植的咖啡都来源于两大咖啡种——罗布斯塔种和阿拉比卡种，而咖啡中的“变种”指的就是这两大咖啡种的亚种。阿拉比卡种的亚种数量庞大，且每种都有自身的风味特色。阿拉比卡种的天然亚种和通过农艺或园艺方式栽培的人工品种是有区别的。实际上，几乎所有的咖啡变种都是栽培品种，而变种和栽培品种

参见词汇
波本 第 35 页
卡斯提优 第 51 页
瑰夏 第 105 页
产地 第 166 页
帕卡马拉 第 169 页
苏丹鲁美 第 209 页
铁皮卡 第 221 页

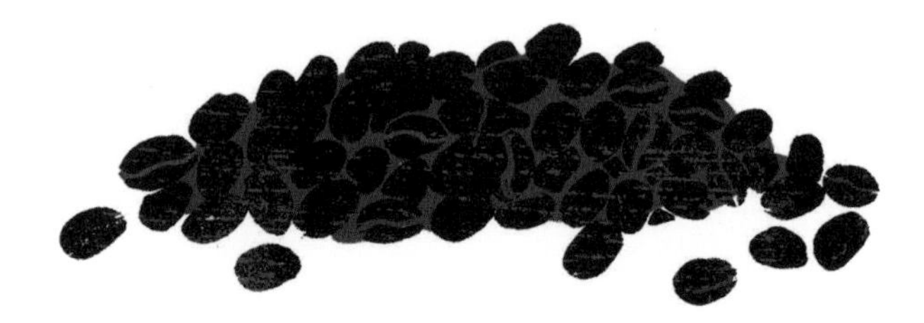

这两个词经常被交替使用。不同国家种植的同一个咖啡品种，品尝起来味道却非常不一样，这仍是件挺迷人的事。这也再一次印证了一杯咖啡的风味是受众多因素影响的。

参见词汇
巴西 第 35 页
C 市场 第 41 页
种 第 202 页

Vietnam | ORIGIN

越南 | 产地

越南是世界上第二大咖啡生产国，仅次于巴西，专门生产大众咖啡。几乎所有越南产的咖啡都含有罗布斯塔种，也有阿拉比卡种的杂交品种——卡提莫，且越南开始种植越来越多的阿拉比卡种，进而提升高品质咖啡的产量。与巴西一样，越南的咖啡生产对世界咖啡价格也有很大的影响。我曾经去过越南，发现这个国家的咖啡有其独特的一面，那就是咖啡的制备方式和饮用方式。制作咖啡的器皿是一个小型金属滴漏壶，冲煮单份咖啡，越南语叫 phin，咖啡粉放在壶内浸泡着，过滤到底部的杯子中。再加入炼奶和冰块，就是一杯传统的越式咖啡了。越式咖啡通常非常甜，口感醇厚，香味浓烈。

参见词汇
冷冻 第 98 页
“咖啡鼻子”闻香瓶 第 140 页

Volatiles | TASTING

挥发物 | 品尝

咖啡风味是由一系列挥发化合物和非挥发化合物组成的。大多数香气都是挥发物，即意味着它们很容易聚集并离开。咖啡烘焙时会释放挥发物，研磨咖啡的时候，会加速挥发物释放而产生浓烈的香味，如果在咖啡豆还热的时候研磨，气味效果更佳。加入热水时，还会继续释放更多的香气。这些芳香物质和氧化物，正是咖啡的新鲜

度如此重要的原因。许多巧妙的研究和包装设计都是为了捕获并保存这些挥发物。

参见词汇
浓缩咖啡 第79页

Volumetrics | BREWING

容量仪 | 冲煮

冲煮咖啡的时候，定量仪可以分配特定的出水量。多数半自动浓缩咖啡机都有这个功能。这种机制与时间无关，但与容量相关，由机器内部一个浆状装置计算。分配的水会流过这个装置，可以通过调节浆片转动的次数来设置出水量。这种系统的出水量可以非常精准，但是并不保证浓缩咖啡的出液量是一致的。这个水量算的是穿过咖啡粉前的水量，因此还要考虑到咖啡粉会滞留的水量。如果咖啡粉量没有称过，或咖啡粉的研磨程度不一样，那么定量仪就不能够保证每一杯咖啡的出液量一致。重量仪是一个更新颖的词汇，指的是咖啡机滴水盘中内嵌的磅秤，可以用于称量出液量。操作得当的话，这两种装置都有助于冲煮出一致的浓缩咖啡。

MM
50
20
10
Oz
1½
1
½

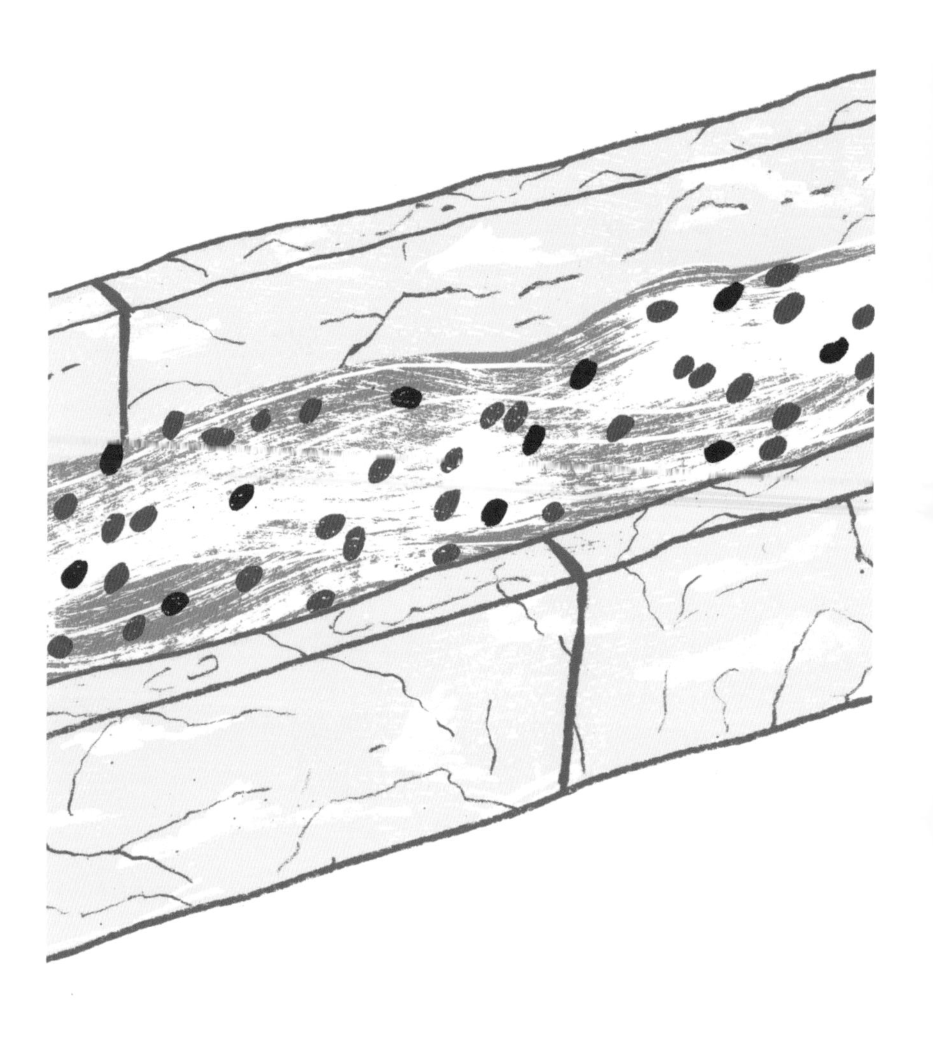

参见词汇
瑕疵 第 67 页
发酵 第 90 页
机械烘干 第 145 页
果胶 第 151 页
自然处理法 第 156 页
高架床 第 186 页

Washed process | HARVESTING

水洗处理法 | 收获

水洗处理法是大部分精品咖啡豆的处理方法。顾名思义，该处理法会使用大量的水，然而具体过程也是千差万别。总体而言，可分为以下几个阶段。第一阶段，将收获的新鲜咖啡樱桃放入齿轮状的滚动机器中，剥离果皮和大部分果肉。经过这一步，咖啡豆上仍会包覆着一层果胶。第二阶段，将咖啡豆放入装满水的水槽里发酵，以去除残留的果胶。在发酵阶段，“坏”的咖啡豆会浮在水面，方便剔除。最后，将发酵过的咖啡豆进行干燥。干燥方式多种多样，可直接日晒，或用机器烘干。与传统的自然日晒法相比，规范化的发酵和干燥过程，有利于生产商控制质量。水洗的咖啡豆通常带有更凸显、更明亮的酸度。其中发酵方式的改变对咖啡豆的影响极大。肯尼亚咖啡豆会进行二次发酵，这或许是它拥有丰富果香和多层次酸度的原因。在咖啡豆的处理过程中，极细微的调整也可能带来惊艳的结果，人们仍在不停探索。

参见词汇
缓冲 第 38 页
萃取 第 86 页

Water | BREWING

水 | 冲煮

水是安静又捉摸不透的咖啡伙伴。咖啡冲煮离不开水，而一丝的水成分差异就会极大地影响咖啡风味。近几年来，随着业内人士对咖啡的研究越来越深入，对于水的重要性的探讨也有了新的关注点。长久以来，我们都知道水的质量很重要，而现在我们要探索它对咖啡风味的影响。有一个关键的概念须先弄明白，好味道的水不一定能制作出好味道的咖啡。通过调节碳酸氢盐含量而制成的品牌瓶装水，喝起来顺滑可口，但是用这种水冲煮咖啡，却会带走咖啡的酸和甜。关键是要将水视作一种溶剂，并理解它在冲煮咖啡时的运作方式。现在所知影响咖啡风味的三大要素是钙、镁和碳酸氢盐。实际上，所有咖啡都经过烘焙以适应特定的水——无论用哪种水，都是用于品味和控制烘焙或咖啡的品质。这意味着不同的烘焙程度和咖啡豆可以适应不同的水。如果你想成为咖啡达人，可以购买矿物质来“制造”你想要的水。使用瓶装水也是一种流行的做法，而在不远的将来，将会出现更好的咖啡过滤系统。水的重要性还在于它对设备的影响。最常见的问题是，长期使用中度水和硬水，会堆积水垢，从而破坏浓缩咖啡机中的零部件。另一个不太常见，但也是个麻烦的问题，就是使用酸性水有可能会腐蚀金属。总而言之，水在咖啡中的地位非常重要，但也是非常容易被人忽略的一个因素。

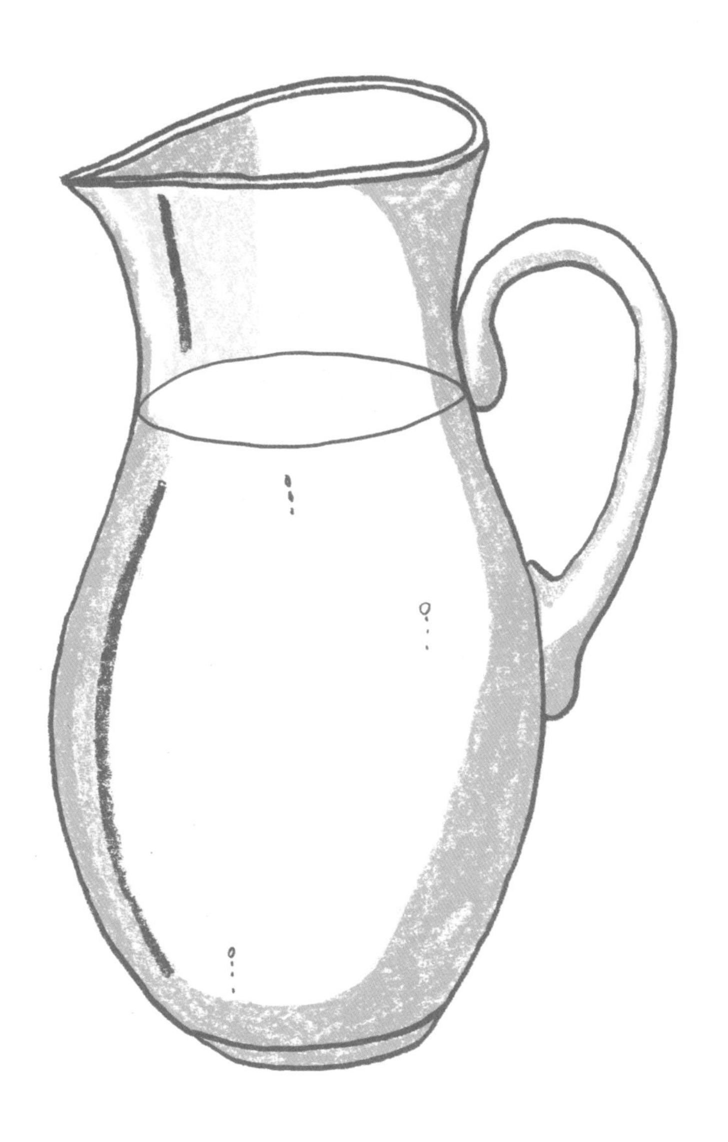

.200

参见词汇
浓缩咖啡 第 79 页
容量仪 第 232 页

Weighing scales | BREWING

称重器 | 冲煮

冲煮精品咖啡时，备上一套称重器现已是常态。而让人难以置信的是，就在几年前，称量精确的数量或比例似乎还是一种大胆的尝试，也不常见。话虽如此，过滤式咖啡的冲煮过程其实一直在用称重器，极大可能是因为与浓缩咖啡相比，制作过滤咖啡时用起来更方便。一个较形象的对比是糕点烘焙。糕点烘焙所用材料的精准比例对于最终糕点成功与否有极大的影响。在咖啡中也是如此。只是通过眼睛测量用量终究是不太准确。两种不同研磨程度的咖啡粉占用的空间不一样，而咖啡粉膨胀也会影响对水量的判断。冲煮咖啡时配上一套好点的称重器，读数快且能测量到小数点后两位数，意义重大。有趣的是，在精品咖啡运动的初期，人们想要远离容量仪，认为它是“按键式”操作。然而到了后期，人们发现称重器、粉重、出液量等的重要性后，也最终意识到这些预设的按钮其实是很有用的。

参见词汇
咖啡师 第 23 页
浓缩咖啡 第 79 页
创意咖啡 第 197 页

World Barista Championship | Competitions

世界咖啡师大赛 | 竞赛

首届世界咖啡师大赛在 2000 年于蒙特卡洛举行。自那时起，它的影响力越来越大，最终成为了精品咖啡领域的一部分。当我第一次接触咖啡师竞赛时，这个概念还很模糊，对很多人来说还很奇怪。然而，随着咖啡师这个角色和咖啡的复杂度逐渐被广泛认可，人们对于这种竞赛的反应无疑发生了改变，越来越看好了。

这个比赛主要专注于浓缩咖啡，在一个舞台上进行，有背景乐和一组裁判，每一场“表演”由一位参赛者完成。这个竞赛提供了一个引人瞩目的平台，不仅展示了咖啡师这个角色，同时也汇集了咖啡世界里的所有元素，一些备受关注的环节也是业内人士的热门话题——既推动咖啡事业的发展，也引导着咖啡创新和曝光。直到作者执笔之时，整个比赛的流程已相对固定：咖啡师需在 15 分钟内准备 12 杯以浓缩咖啡为主题的饮品：4 杯浓缩咖啡、4 杯牛奶咖啡和 4 杯创意咖啡。这个比赛还在不断发展中，且也会因为咖啡世界的持续变化而调整赛制。

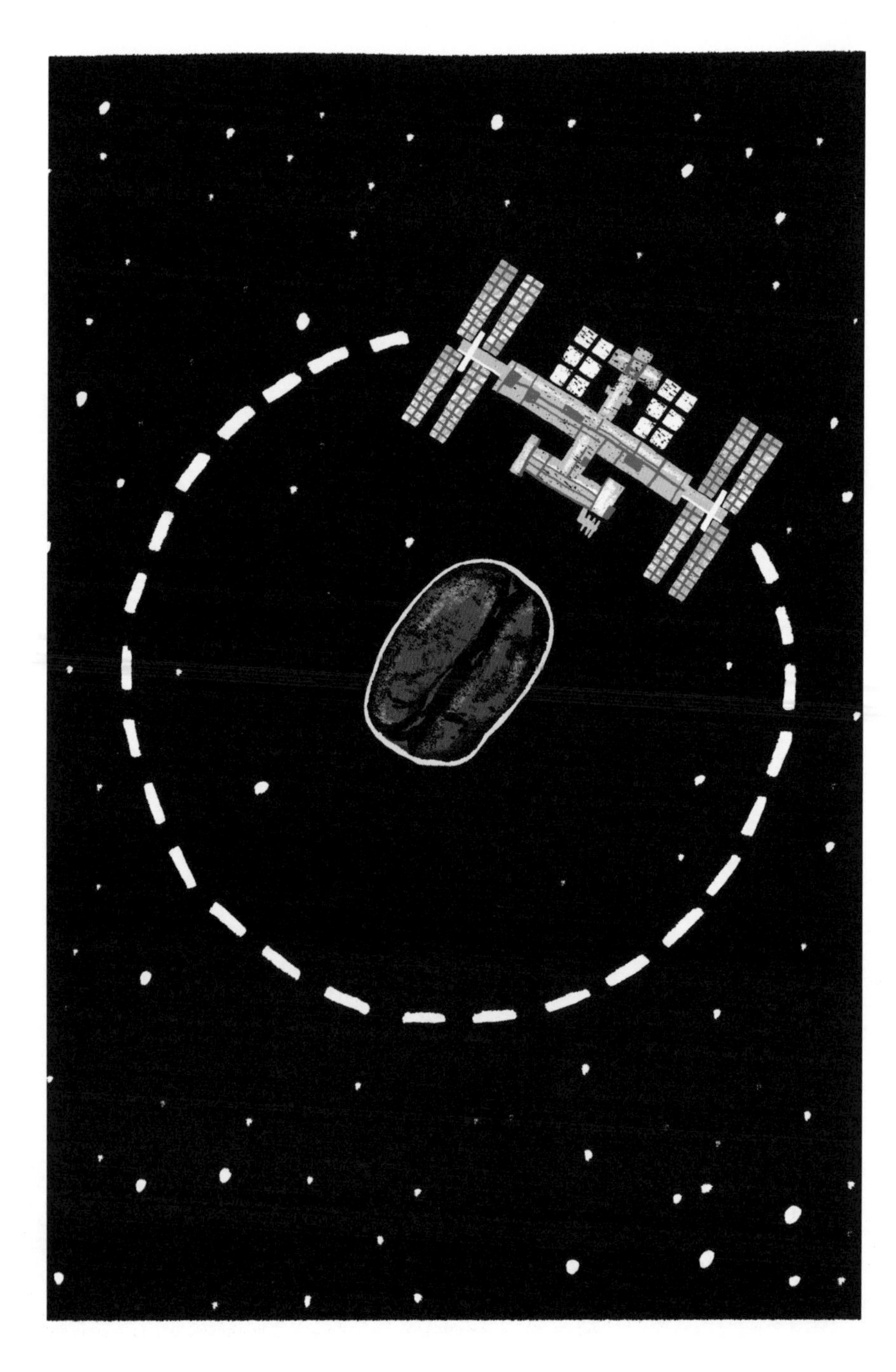

参见词汇
爱乐压 第 13 页

Coffee X | SPACE COFFEE

咖啡 X | 太空咖啡

“咖啡 X”是由美国罗得岛设计学院发起的一个设计项目，旨在发明一种可以在国际空间站里制作美味咖啡的冲煮设备。这个设计是在爱乐压的基础上进行改造，希望通过一个水袋和所包含组件解决失重环境下的空间和功能方面的阻碍。世界闻名的意大利咖啡公司拉瓦萨（Lavazza）也生产了一款利用了咖啡胶囊技术的航空咖啡冲煮系统，加固了水管，增加了一个吸管管道。坐在太空中，遥望整个地球，并享用一杯新鲜冲煮的咖啡，那一定是件惬意的事情。

参见词汇
埃塞俄比亚 第 80 页

Yemen | ORIGIN

也门 | 产地

现在已经很难喝到也门的咖啡了。然而，也门是第一个将咖啡传播到埃塞俄比亚以外的地方，当地的生产商充分利用了咖啡作为商品的重要性，使它成为东西方贸易的纽带，特别是通过摩卡港运送的咖啡。

也门大部分咖啡都以摩卡咖啡这个名字出售，还有埃塞俄比亚咖啡也是一样的，都带有因自然处理而产生的原野和水果风味。也门长期缺水，意味着当地的咖啡都是通过自然处理法进行干燥，一般是放在建筑物的天台上。优质的也门咖啡有其独特的风味——丰富且深层的干果风味和葡萄酒酸度。然而，也门咖啡的溯源非常非常难，且需求量很大。加上持续不断的政治动荡和这个国家的干旱气候，只有极少的土地适宜种植咖啡，可想而知，想要找到优质的也门咖啡，难度是非常大的。

参见词汇
冲煮比率 第 36 页

Yield | TERMINOLOGY

出杯量 | 术语

这个词指的是通过一种程序去生产或生成一

定量的某物，在咖啡中非常有用，因为它省却了很多语言可能带来的麻烦。

比如说，当讨论咖啡重量时，说的是咖啡粉的重量还是咖啡液的重量呢？或者更深入一点，我们也可能说的是溶解在饮品中的咖啡粉量。用“出杯量”，就可直接指代最终获得的咖啡液的量。咖啡冲煮过程通常会涉及两种重量：一种是咖啡粉量，一种是出杯量。出杯量指的是最终生成的咖啡液量，包括了水量和溶解的咖啡粉量。

参见词汇
波本 第 35 页
刚果民主共和国 第 68 页
世界咖啡师大赛 第 239 页

Zambia | ORIGIN

赞比亚 | 产地

赞比亚位于南非，毗邻多个咖啡生产国，比如马拉维、坦桑尼亚和刚果民主共和国。在咖啡领域，赞比亚是多个充满潜力和希望的非洲国家之一，且并未被完全挖掘。50% 的赞比亚咖啡是波本种，品质出色。该国也有卡提莫，品质较低，但抗病性高。赞比亚的咖啡产业在 20 世纪 50 年代才发展起来，还比较年轻，以大型的庄园和高科技为特点。咖啡品质较低也是因为一些常见的问题，比如身为内陆国的运输问题，因缺少水资源而无法使用水洗处理法，以及并不有利的贸易关系等。有一些组织也致力于改进当地的咖啡质量，而赞比亚也会定期派选手参加世界咖啡师大赛。优质的赞比亚咖啡有丰富的层次感，伴有香甜水果味和花香。

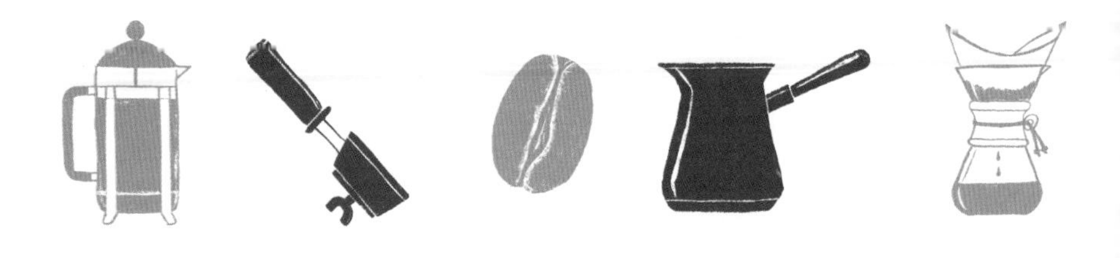

致 谢

感谢我的妻子——莱斯莉（Lesley），她是我遇到过的最不可思议、最支持我和直觉最灵敏的人；我的父母——杰弗里（Geoffrey）和瓦莱丽（Valerie），他们教会了我许多事情，一直鼓励我追求自己的兴趣；我的兄弟——詹姆斯（James）和利奥（Leo），感谢我的所有家人。感谢特拉维斯·赖利（Travis Riley），是他编辑了这本书，也提供了很多灵感；塞缪尔·戈德史密斯（Samuel Goldsmith），一直敦促我写作；克里斯托弗·H. 亨东（Christopher H. Hendon），我非常重视的合作伙伴，我们一起完成大量的科学研究工作；诺曼·梅泽尔（Norman Mazel），提出了顶端条目的建议。感谢迈克·加姆韦尔（Mike Gamwell）、贝萨妮·亚历山大（Bethany Alexander）、沙夏·赛斯提（Saša Šestić）、朴商浩（Sang Ho Park）、井崎英典（Hidenori Izaki）、马泰奥·帕沃尼（Matteo Pavoni）、本（Ben）、奥利（Olli）、道格（Doug）、查利·卡明（Charlie Cumming）——一群了不起的同事和员工，没有他们，就无法实现我们的咖啡探险之旅。感谢我们的顾客——各行各业想要加入我们行列的人。感谢乔·科廷顿（Joe Cottington）、纳塔莉·布拉德利（Natalie Bradley）、乔纳森·克里斯蒂（Jonathan Christie）、达莎·米勒（Dasha Miller）以及章鱼出版社（Octopus Publishing）的所有成员；感谢汤姆·杰伊（Tom Jay）画的插画。最后，感谢国际咖啡行业里的每一个人，感谢他们的优秀技能、热情、慷慨、辛勤工作、教学和参与——能够身处其中，是一件奇妙的事情。

英国阿歇特出版公司
www.hachette.co.uk

2017年，由章鱼出版集团分公司——米切尔·比兹利出版社首次在英国出版
公司地址：Carmelite House, 50 Victoria Embankment, London EC4Y0DZ
www.octopusbooks.co.uk

文本版权　马克斯韦尔·科罗纳 - 达什伍德（Maxwell Colonna-Dashwood）2017
插图版权　汤姆·杰伊（Tom Jay）2017
设计和排版版权　章鱼出版集团（Octopus Publishing Group）2017

版权所有。非经出版社先行书面同意，本作品的任何部分都不得以任何形式、方法复制或利用，不得以任何电子或机械方式，包括拍照、录像，或使用任何信息储存和检索系统对该作品的任何部分进行复制或利用。

马克斯韦尔·科罗纳 - 达什伍德（Maxwell Colonna-Dashwood）作为该作品的作者，享有著作人身权利。

策划编辑：乔·科廷顿（Joe Cottington）
创意总监：乔纳森·克里斯蒂（Jonathan Christie）
插画：汤姆·杰伊（Tom Jay）
编辑：纳塔莉·布拉德利（Natalie Bradley）
文案编辑：罗伯特·安德森（Robert Anderson）
出版总监：达莎·米勒（Dasha Miller）

出版后记

在快消咖啡和精品咖啡馆铺都遍地开花的今天，作为世界三大饮料之一的咖啡，正在不断吸引更多的爱好者。越来越多的人愿意去了解咖啡文化，学习烘焙冲煮技巧，体验啜饮咖啡的乐趣。看惯了全面普及式的书籍架构，也见过了问答式的行文方式，这一次，终于有作者为我们奉上了一点特别的：一本小小的咖啡词典。

这本词典从 A 到 Z，名词覆盖范围全面：种植、加工、烘焙、冲煮、品尝，全线过程一并网罗；历史、文化、产地、工艺、市场，等等，分类不一而足。此外，书中的名词解释方式也十分值得推荐。在挑选咖啡知识类图书时，初学者常要面对的一个问题是：书读过了许多，但多数架构类似。所谓学习，常常是在一轮轮的反复中，发现新的内容。而不断重复的阅读体验，使人免不了沮丧。对于咖啡，还有哪些是以前没留意的，或者有没有不必大面积复习，就可以直截了当地获取新知的方式呢？这本小词典，大概能够带来一些惊喜。

例如温度（Temperature）这一词条，作者从种植讲到加工，讲到生豆存储、烘焙，以及萃取。即，词条是一个引子，而引申发散出的内容涵盖全面。这是个很不错的整理知识的过程。与一般的词典不同的是，书中还有许多很不错的观点。比如单一产地、新鲜度、品种，这些当下比较受关注的热点，作者都有独到的理解。旅行中有关咖啡的见闻，作者也如同讲故事一样融入书中：有为咖啡痴狂的韩国人、墨尔本令人惊艳的咖啡文化、倾茶事件的发生地波士顿、贩售各种琳琅满目小玩意儿的巴西农场、见证全球咖啡热潮的上海茶咖博览会……一张有趣的咖啡地图就此铺展开来。

如果你喜欢咖啡，想了解有关咖啡的丰富术语，学习中英文相关词汇的对应，那么这本书真的是不错的选择。

服务热线：133-6631-2326 188-1142-1266

读者信箱：reader@hinabook.com

后浪出版公司

2023 年 6 月

图书在版编目（CIP）数据

咖啡词典 /(英)马克斯韦尔·科罗纳-达什伍德(Maxwell Colonna-Dashwood)著;周俊兰译.-- 昆明:云南美术出版社，2023.12

书名原文: Coffee Dictionary

ISBN 978-7-5489-5580-1

Ⅰ. ①咖… Ⅱ. ①马… ②周… Ⅲ. ①咖啡一基本知识 Ⅳ.①TS971.23

中国国家版本馆CIP数据核字(2023)第249452号

THE COFFEE DICTIONARY
First published in Great Britain in 2017
by Mitchell Beazley, a division of Octopus
Publishing Group Ltd, Carmelite House,
50 Victoria Embankment, London EC4Y 0DZ
Text copyright © Maxwell Colonna-Dashwood 2017
Illustrations copyright © Tom Jay 2017
Design and layout copyright ©Octopus Publishing Group 2017
All rights reserved.
Maxwell Colonna-Dashwood asserts the moral right to be identified as the author of this work.

本书简体中文版权归属于银杏树下（北京）图书有限责任公司
著作权合同登记号 图字：23-2023-064号

书　　名：咖啡词典
作　　者：[英]马克斯韦尔·科罗纳-达什伍德
插　　画：[英]汤姆·杰伊
译　　者：周俊兰

筹划出版：银杏树下
出版统筹：吴兴元
统筹编辑：汤　彦
责任编辑：李金萍
特约编辑：刘　悦
责任校对：王飞虎　杨雪燕
装帧制造：墨白空间·陈威伸
营销推广：ONEBOOK
出版发行：云南美术出版社
社　　址：昆明市环城西路609号（电话：0871-64193399）
印　　刷：天津联城印刷有限公司
开　　本：889毫米 ×1194毫米　1/32
印　　张：8
版　　次：2023年12月第1版
印　　次：2024年9月第1次印刷
书　　号：ISBN 978-7-5489-5580-1
定　　价：78.00元

官方微博：@后浪图书
读者服务：reader@hinabook.com 188-1142-1266
投稿服务：onebook@hinabook.com 133-6637-2326
直销服务：buy@hinabok.com 133-6657-3072

后浪出版咨询(北京)有限责任公司　版权所有，侵权必究
投诉信箱：editor@hinabook.com　fawu@hinabook.com
未经许可，不得以任何方式复制或者抄袭本书部分或全部内容
本书若有印、装质量问题，请与本公司联系调换，电话010-64072833